物理与数学的火花

火 花

相对论百年故事

全新增订本

台湾重力学会◎主编　　余海礼 等◎著

PHYSICS

AND

MATHEMATICS

北京时代华文书局

图书在版编目（CIP）数据

物理与数学的火花：相对论百年故事 / 台湾重力学会主编 ；余海礼等著 .
-- 北京：北京时代华文书局，2019.11
ISBN 978-7-5699-3199-0

Ⅰ . ①物… Ⅱ . ①台… ②余… Ⅲ . ①广义相对论Ⅳ . ① 0412.1

中国版本图书馆 CIP 数据核字 (2019) 第 211914 号

本书由大块文化出版股份有限公司经由成都天鸢文化传播有限公司授权北京时代华文书局有限公司
独家在大陆地区出版简体字版，发行销售地区仅限大陆地区，不包含香港、澳门地区。

北京市版权著作权合同登记号 字：01-2018-2384 号

物理与数学的火花：相对论百年故事
WULI YU SHUXUE DE HUOHUA　XIANGDUILUN BAINIAN GUSHI

主　　编 | 台湾重力学会
著　者 | 余海礼 等

出 版 人 | 王训海
责任编辑 | 周　磊　余荣才
装帧设计 | 李尘工作室　赵芝英
责任印制 | 刘　银

出版发行 | 北京时代华文书局 http://www.bjsdsj.com.cn
　　　　　北京市东城区安定门外大街 138 号皇城国际大厦 A 座 8 楼
　　　　　邮编：100011　电话：010 - 64267955　64267677
印　　刷 | 北京凯德印刷有限责任公司　010 - 87743828
　　　　　（如发现印装质量问题，请与印刷厂联系调换）
开　　本 | 710mm×1000mm　1/16　印　张 | 17.5　字　数 | 185 千字
版　　次 | 2020 年 3 月第 1 版　印　次 | 2020 年 3 月第 1 次印刷
书　　号 | ISBN 978-7-5699-3199-0
定　　价 | 48.00 元

序一
广义相对论一百年

余海礼[*]

百年前，英国哲学家罗素应梁启超、张东荪等人的邀请，首次把当时诞生不久的爱因斯坦关于牛顿万有引力的新经典——广义相对论介绍到中国。经过数代人的努力与传承，百年后的今天，我们这一代的广义相对论研究社群，终于能够广泛地在广义相对论各个相关领域及课题——诸如弯曲时空的黑洞物理、起始数据问题、数值广义相对论、时空的哲学分析及引力的量子化之类问题上，做出由点及面的历史性贡献。

百年来用英文（及其翻译）书写关于广义相对论的科普书虽不至于汗牛充栋，但也不胜枚举；不过，以地道的中文来阐述台湾广义相对论研究社群创作的成果，在科普史上是首次。本书的结集出版，不仅是台湾广义相对论研究社群（或更广义地称作引力研究社群）在带有继往开

余海礼，台湾重力学会理事长、"中央研究院"物理研究所研究员。

来性质的行动中的里程碑，更是一次向世界自信地展现自我观点的盛事。本书是介绍广义相对论的一般科普书籍，我们也期许，本书能成为人类文明史上一本重要的历史文献。

广义相对论是对我们赖以生存的浩瀚无垠的宇宙本身及其中抽象的时间、空间学问的研究，既真实又现实。书中的文章，除了呈现广义相对论神秘有趣的各个方面外，更试图架构一幅超越百年前由爱因斯坦一手建立的宇宙图，以超越经典；尤其是在关于能量密度及时间的概念上，更是直指广义相对论内在的矛盾核心，尝试一举解开其内在的逻辑谬误。

书中每位作者都尽最大可能地运用最简单有趣的词语及例子，介绍广义相对论的各种深奥的概念和问题。但我们认为，当真理简单到不能再简单时，就不应刻意强求简单，以致扭曲了真理的本貌。同时，本书作为一份历史文献，也就无可避免地牵涉到一些超越我们这个时代所理解的概念。读者如一时无法消化，可以默记于心中，时间终将会让今日难以完全言喻的真理，在日后呈现出来。

本书说不定会成为读者们的传家宝。

序二
迎向第二个百年

*游辉樟**

广义相对论是20世纪对人类文明影响最大的自然科学理论之一，2015年，距爱因斯坦创立广义相对论已长达一百周年之久。

在这个非同寻常的一百年内，广义相对论取得了意想不到的、令人惊喜的长足发展和进步。首先，作为以实验为基础的物理学的一个重要分支，广义相对论从刚刚创建时的三大经典实验验证开始，百年来已经非常漂亮地经受住了每一个实验的检验，大获全胜。当前及不久的将来，精度更高和难度更大的许多实验还将继续进行。其次，从20世纪60年代用黑洞成功地解释类星体开始，加上爱因斯坦方程在宇宙学中的成功应用，广义相对论已经愈来愈被天文学家重视。再次，随着全球定位系统（GPS）的推广应用，狭义相对论和广义相对论均已经进入人们的日常生活。可以预期，随着高精密测量技术的发展，人类将很快实现引

---

* 游辉樟，台湾成功大学物理系教授。

力波的直接探测。届时，引力波测量将和电磁波测量一起为人们带来宇宙的信息，特别是早期宇宙和黑暗宇宙部分的信息。回想这一系列的发展，我们联想到一个个伟大的名字：爱因斯坦、希尔伯特、爱丁顿、史瓦西、克尔、邦迪、弗里德曼、钱德拉塞卡、霍金、潘洛斯……

中国近年来对广义相对论及相对论天体物理学的研究，均取得了巨大的进展。学者沈志强利用甚长基线干涉测量技术（VLBI），精确观测到了银河系中心超大质量黑洞的情况；学者马中佩发现了当时所知道的最大质量的两个黑洞，每个质量约为太阳的100亿倍；学者吴学兵更是在距离地球128亿光年处，发现120亿个太阳质量的黑洞。这一系列激动人心的发现，既显示了我们在广义相对论与相对论天体物理学研究中的长足发展，也预示着广义相对论与相对论天体物理学在接下来的自然科学发展中的蓬勃发展势头。

为了纪念广义相对论创建一百周年，台湾重力学会编写并出版了这本文集。虽然只包含六篇文章，但都具有很高的阅读价值。《广义相对论百年史》一文，讲述了爱因斯坦与合作者创建广义相对论的历程，一个个故事让我们重温前辈们发展基础理论的艰辛。《宇宙学百年回顾》除了回顾大爆炸学说的缘起，更前瞻性地预测了太初引力波所扮演的重要角色及方向。《黑洞》一文介绍了广义相对论、天文学、量子力学、量子引力、信息论、凝聚态物理等物理学中的基本问题如何与黑洞关联到一起。引力波是广义相对论除黑洞外的另一个重要理论预言，《引力波与数值相对论》一文清晰地描述了如何结合数值相对论和引力波探测仪器，来直接测量引力波的原理和方法。什么是时间，什么是空间？《时间、广义相对论及量子引力》和《物理中的时空概念》两篇文章，为我们展开了精彩的思辨性讨论。

广义相对论的第一个一百周年即将逝去，我们将迎来广义相对论的第二个一百周年。崇尚科学、追寻真理的读者们，定能在本文集的鼓舞和影响下，回顾前辈们发展科学理论的艰辛历程，循着他们的脚步不断前进；继往开来，进一步挖掘时间和空间的深刻含义，揭开黑洞特别是奇点的奇妙面纱，探索宇宙演化的深层奥秘。我相信，在这个即将到来的新的一百周年里，海峡两岸的青年读者们，定能与世界同行一起为发展广义相对论与相对论天体物理学而辛勤研究，并携手合作，共创佳绩。

序三
历史回顾与展望

台湾重力学会

　　20世纪影响人类文明、最大的自然科学理论之一就是广义相对论。2015年是爱因斯坦创立广义相对论的第一百周年。为了纪念这一重大的自然科学进展，台湾重力学会研究团体编写了本书。

　　本书包括对广义相对论的历史回顾、对黑洞和现代宇宙学的综述、对引力波和数值相对论的介绍，以及对物理学中时空概念与量子引力的探讨。

　　聂斯特（James Nester）教授和陈江梅教授在所作文章中，对广义相对论百年历史做了非常精彩的回顾。该文讲述了爱因斯坦同其合作者建立广义相对论的历程，介绍了爱因斯坦和希尔伯特独立发现爱因斯坦方程的故事——他们也曾为争论谁先发现爱因斯坦方程而不愉快过，最终他们的友谊战胜了争执，两人在爱因斯坦方程建立过程中做出的不可磨灭的贡献，也得到人们的公认。该文还讲述了观测引力场弯曲光线的故事、宇宙学常数在广义相对论理论发展历程中的戏剧化过程，以及对引力波存在性问题的曲折讨论历程。引力能在广义相对论中是一个非常微妙的问题，文中讲述了爱因斯坦探讨这个问题的故事。统一场论是爱因斯坦在建立广义相对论后投入极大精力研究的课题，书中亦讲述了爱因斯坦关于统一场论研究的一系列故事。

黑洞是广义相对论理论中最重要的概念性预言之一。黑洞理论发展到今天，与广义相对论、量子力学、量子引力、信息论、凝态物理等物理学中的基本问题均有关联。在天文观测中，超大质量黑洞和恒星级质量黑洞的存在已得到确认。而且黑洞被认为是宇宙中诸如类星体等天体的能量来源，黑洞是高能吸积、喷流等的核心动力。此外，黑洞的成长还被认为与星系的演化，以及宇宙的大尺度结构形成间有着密切的关系。"中研院"天文及天文物理研究所的卜宏毅研究员、彰化师范大学物理系的林世昀教授和淡江大学物理系的曹庆堂教授，对有关黑洞的这一系列问题做了极好的综述。该文从黑洞概念在广义相对论中的出现开始讲起，一步一步深入黑洞的事件视界、黑洞的奇点等艰深的理论问题。接下来还对天文观测的黑洞做了介绍，描述黑洞同吸积盘和喷流的关系，最后更对黑洞热力学及黑洞信息等问题做了深入介绍。

宇宙论是广义相对论被成功应用的一个典范。广义相对论在宇宙论中的应用，把一个曾经只能用神学探讨的话题，变成一个自然科学的课题。结合人类高新技术的发展，宇宙学发展到今天已变成高、精、密宇宙学。到目前为止，研究宇宙学的学者分别在（1978年）宇宙微波背景辐射、（2006年）宇宙微波背景辐射各向异性、（2011年）宇宙加速膨胀三个领域获得三项诺贝尔物理学奖。台湾师范大学的李沃龙教授和东吴大学物理系的巫俊贤教授所作的宇宙学短文，从哥白尼原理谈起，引入时空概念，介绍了现代宇宙学的发展。文中对宇宙学常数问题、加速膨胀问题、宇宙大尺度结构形成问题等，做了生动的讲解，还对宇宙起源的大爆炸问题做了深入介绍——该问题不仅是个宇宙学问题，还把量子理论和引力理论联结到了一起。同时，早期宇宙产生的引力波，很可能在不久的将来被观测到。届时，这些测量结果将改变当前对量子引力理论的研究处于纯理论研究的状态。我们也可以预期，到时很可能会有很多新的物理研究成果展现出来。

引力波是广义相对论除黑洞外的另一重要的理论预言。如聂斯特教授和陈江梅教授所描述，对引力波存在性在理论上所作的探讨，于历史上有过非常曲折的经历。最终邦迪等人的论述确定了其原则上的存在性。后来泰勒等人通过双脉冲星观测，提出引力波存在的间接证据，泰勒等也因此而获得诺贝尔物理学奖。在广义相对论建立一百周年之际，世界上对引力波探测最灵敏的探测器Advanced LIGO（引力波天文台）已基本建立完毕。其测量精度可达到10^{-23}，接近量子力学的标准极限，达到了人类空前的高精度长度测量要求。在后文将证实，引力波信号已被直接观测到。林俊钰研究员和成功大学物理系的游辉樟教授，对引力波做了极好且饶有趣味的通俗介绍。为了提高引力波探测的能力，增强硬件的测量灵敏度是一个方面；在既定硬件的基础上，建立好的引力波波源模型，是提高引力波探测能力的另一个方面。现实的引力波源涉及超强引力场、强动态时空区域，而且几乎无对称性存在。这些特点使得数值计算的方式，成为引力波波源建模的几乎唯一可行的办法。但即使是数值计算，爱因斯坦方程依然是极难处理的问题。数值相对论这个研究方向也应运而生。如何让数值计算稳定、让计算具有高精度、让计算具有高效率以满足实际波源建模的需要，是数值相对论研究的核心问题。林俊钰研究员和游辉樟教授对这些问题做了深入浅出的描述。

狭义相对论是协调麦克斯韦方程组与伽利略变换的矛盾而产生的理论，广义相对论是协调牛顿万有引力理论和狭义相对论洛伦兹变换间的矛盾而产生的理论。但广义相对论特有的时空观同量子力学之间的矛盾，至今仍是一个谜。"中研院"物理所的余海礼研究员和成功大学物理系的许祖斌教授，为我们讲述了时间、广义相对论及量子引力的故事，带着我们回顾了爱因斯坦建立广义相对论过程中，对时间的思考。该文也为我们描述了爱因斯坦获得诺贝尔奖时，同中国上海结下的鲜为人知的不解之缘。广义相对论的时空观同量子力学的矛盾是突出的，该文为我们介绍了一种新的思考方式——也许量子引力比时间的概念更基本，时间只是量子引力自然而然的结果。余海礼研究员和许祖斌教授在该问题上展开了非常精彩的思考性讨论。

广义相对论的时空概念优美而引人入胜。但同时，像余海礼研究员和许祖斌教授讲述的那样，这个时空概念的玄妙又让人捉摸不透。什么是时间，什么是空间？江祖永教授为我们探讨了物理学中的时空概念，对牛顿的时空观做了深入介绍，并探讨了质点动力学描述同牛顿时空观的关系。江教授不但描述了广义相对论的时空观，还探讨了该时空观同场论动力学的内禀关系。通过对比场论动力学与质点动力学，他比较了牛顿时空观和广义相对论时空观的直观性。两者的直观性有所不同，但作为确定性的存在，两者的直观性是人们容易理解和接受的。相反地，量子物理世界的不确定性，把问题完全推向了不可理解。量子引力理论的时空观，势必同量子物理的不确定性相关联。江祖永教授为我们讲述了对这种不确定性时空观的理论思考。

本书出版正好赶在爱因斯坦创立广义相对论一百周年之际。崇尚科学、追寻真理的读者们，定能在本书的引领下，回顾前辈们发展科学理论的艰辛历程，循着他们的脚步继续往前，追寻时间和空间的奥秘，探索黑洞神奇的时空结构；循着引力波携带的信息，探索宇宙演化的奥秘。

CONTENTS | 目录

第一章

广义相对论百年史 ······················ 聂斯特　陈江梅　1

探索新视界：广义相对论的发展 ······················　4

物理与数学的火花：广义相对论诞生 ······················　12

爱因斯坦的预言：光线弯曲与观测 ······················　17

宇宙的动、静与宇宙常数项 ······················　21

引力波存在吗？ ······················　28

对统　场论的追求 ······················　31

引力能——对称与守恒 ······················　35

第二章

宇宙学百年回顾 ······················ 李沃龙　巫俊贤　39

我的位置决定我的星空 ······················　42

牛顿的绝对空间 ······················　44

空间几何大不同 ·· 47

爱因斯坦的弹性空间 ···································· 49

看似不存在的宇宙常数 ································ 52

光的红移：德西特效应 ································ 54

弗里德曼的宇宙演化论 ································ 56

膨胀的宇宙与创世纪 ···································· 58

空间膨胀的标准模型？ ································ 61

对宇宙大爆炸的发现 ···································· 63

大爆炸宇宙仍有后遗症 ································ 66

古斯的暴胀宇宙 ··· 69

量子起伏与宇宙微波 ···································· 72

空间扰动的波澜：引力波 ····························· 78

南极观测：对太初引力波的测量 ·················· 80

宇宙真的有起点？ ······································ 83

宇宙原来可以理解！ ···································· 85

第三章

黑洞 ···························· 卜宏毅　林世昀　曹庆堂　87

黑洞概念的萌芽 ··· 89

史瓦西的数学精确解 ···································· 91

奇异的史瓦西时空与事件视界 ······················ 93

CONTENTS
目 录

神秘的中心奇点 ……………………………………… 97

带电的黑洞——两个视界 ………………………… 103

潘多拉的盒子——克尔的旋转黑洞 ……………… 105

对黑洞的观测证据 ………………………………… 109

黑洞与吸积流 ……………………………………… 112

黑洞喷流——壮观的宇宙风景 …………………… 114

错综复杂的黑洞生态系统 ………………………… 117

寻找黑洞存在的直接证据 ………………………… 119

黑洞热力学 ………………………………………… 122

诡异的黑洞信息 …………………………………… 127

黑洞互补性与防火墙 ……………………………… 129

对黑洞辐射的观测与实验 ………………………… 133

为何世间多杞人 …………………………………… 136

第四章

引力波与数值相对论

引力波与数值相对论 ………………… 林俊钰 游辉樟 139

广义相对论与引力波 ……………………………… 140

如何观测引力波？ ………………………………… 146

引力波捎来宇宙的信息 …………………………… 156

数值相对论：计算宇宙的奥秘 …………………… 164

引力波天文学的未来 ……………………………… 174

第五章

物理中的时空概念 ·················· 江祖永 181

从牛顿开始 ······························· 184

质"点"是主角 ························· 187

弯曲的时空与场 ······················· 191

有场论便毋需质点 ···················· 194

量子物理像要改变一切 ·············· 197

"气一元论"——时空就是一切 ···· 202

微观的世界——量子时空 ··········· 205

不断发展的时空观 ···················· 208

第六章

时间、广义相对论及量子引力 ········· 余海礼 许祖斌 210

牛顿、苹果与月亮 ···················· 212

爱因斯坦和他的诺贝尔奖 ··········· 216

时间存在与否? ······················· 220

四维时空对称与量子引力势不两立 ··· 227

广义相对论扑朔迷离的一面 ········· 231

时间起源自量子引力 ················· 235

古典时空重建 ·························· 239

杞人"忧天"有道理 ················· 241

CONTENTS
目 录

引力与标准模型中杨 - 米场的模拟 …………………………………… 244

宇宙的初生与时间箭头的方向 …………………………………… 250

延伸阅读与参考文献 …………………………………… 253

5

第一章

广义相对论百年史

聂斯特　陈江梅

爱因斯坦（Albert Einstein, 1879—1955）是少数具有极高公众知名度的伟大物理学家之一，美国的《时代杂志》（*Times*）在1999年推选他为"世纪伟人"（person of the century）。爱因斯坦在物理学上做出了许多划时代的贡献。仅1905年，年轻的他就独立完成了许多开创性的成果，其中有关光电效应（photoelectric effect）的论文，则是开启量子物理（quantum physics）大门的关键性成果。由此，他摘取了1921年诺贝尔物理奖的桂冠；他是在乘船前往日本访问途中，行驶至中途停靠点上海时，在船上获知此消息的。

然而，对一般大众来说，爱因斯坦最著名的研究成果就是相对论。他在1905年完成了"狭义相对论"（special relativity），讨论等速运动系统的物理特性，其中由光速不变性的假设所推论出来的"时间膨胀"（time dilation）、"长度收缩"（length contraction）等奇特效应，可以说是理论物理中十分令人着迷的现象。不过，综观爱因斯坦的科学成就，描述引力作用的"广义相对论"（general relativity），毫无疑问是物理学中最激动人心的智慧结晶，让我们听听来自三位获得诺贝尔奖的物理学家对广义相对论的赞誉。

狄拉克（Paul Dirac, 1902—1984）说："这可能是有史以来最伟大的科学发现。"玻恩（Max Born, 1882—1970）说："广义相对论的基础对我而言，直到现在仍然是人类思维上有关自然的最伟大壮举，是哲学洞察力、物理直觉和数学技巧最惊人的组合。"朗道（Lev Landau, 1908—1968）则说："它应该代表全部现有的物理理论中最美丽的部分。"

2015年是广义相对论的100周年诞辰，在这个值得纪念的时间点，我们将借由这篇文章，介绍一些关于广义相对论的发展历史。对于爱因斯坦的生平事迹，坊间已出版了许多非常好的传记书籍，我们将不再过多着墨。此外，爱因斯坦的研究课题所包含的领域很广泛，本文只着重于爱因斯坦在广义相对论及其相关领域研究的思路历程，至于他在其他领域的重要工作，则不在本文的讨论范围。

探索新视界：广义相对论的发展

　　爱因斯坦在大学时期是一个相当古怪的学生，常常逃学，成绩并不突出，最后勉强跨过毕业门槛。他大部分的时间和精力，都致力于独立研究物理学中最前沿的问题。爱因斯坦自己说过，他旷课的时间绝大部分待在家里，以宗教般狂热潜心研究理论物理。至于考试，爱因斯坦则依赖他的同学格罗斯曼（Marcel Grossmann, 1878—1936）在上课时所做的笔记。

　　因为爱因斯坦经常缺课，再加上时常不怎么尊重师长，使得他在授课老师心中留下了不良的印象。他的物理学教授韦伯（Heinrich Friedrich Weber, 1843—1912）曾经责备他说："你是一个很聪明的孩子，爱因斯坦。你非常聪明，但是你有一个很大的缺点，就是永远听不进别人对你说的任何事情。"

　　事实上，在小学至高中时期，爱因斯坦都是个好学生，特别是他在数学上的表现曾受到高度的关注。但是，当他考上了苏黎世联邦理工学院（Federal Polytechnic Institute in Zurich）后，他对课业方面则采取知道就好的态度。比如，他很少专注于闵可夫斯基（Hermann Minkowski, 1864—1909）教授的课程，甚至多次逃课。闵可夫斯基曾经称爱因斯坦为"懒狗"。许多年后，对于爱因斯坦发表的狭义相对论，闵可夫斯基的评论是"我真的不敢相信他能够做到"。

广义相对论所讨论的，是自然界中的引力作用。引力，是最为人类所熟知的作用力，我们很容易就能观察到周遭物体总是向下掉落的现象，这就是地球所产生的引力作用的结果。牛顿（Isaac Newton, 1642—1727）首先理解到，万有引力不只是造成地球上万物会向下掉落的原因，也是天体中星球运行的作用力来源。他写下了质量如何产生引力的万有引力公式，再加上他所提出的物体运动遵从的三大运动定律，构成了牛顿力学的体系，主导我们对物理的认知达数百年；直到爱因斯坦相对论的奠定，我们对这个物理领域的理解，才又往前跨出了重要的一步。而广义相对论就是牛顿万有引力理论的推广。

爱因斯坦广义相对论的理论基础，起源于一个被称为"等效原理"（equivalence principle）的基本概念。这个想法出现在1907年，根据爱因斯坦的说法，他是某天坐在伯尔尼专利局办公室里得到了这个灵感。等效原理的基本概念很简单，就是当一个人在自由坠落（free falling）的时候，他是感受不到自己的重量的。自由坠落是一个加速运动状态，而物体的重量则是引力作用的结果；因此，等效原理表明这两种物理现象间有一定的关联性，也就是引力作用原则上等同于加速度。沿着这个想法，爱因斯坦有了更深的思考，引导他确立起一个革命性的引力理论的方向。爱因斯坦曾经说过，得出等效原理是自己一辈子中感到最快乐的想法。

以等效原理为出发点，爱因斯坦开始逐步地建构广义相对论的殿堂。当然，这个过程不可能一蹴而就，中途遭遇了重重困难。从1907年等效原理的想法出现开始算起，到1915年底广义相对论的诞生，在这八年的时光中，爱因斯坦做过了许多不同的尝试，在修正错误中摸索自己的方法，有时答案几乎已在眼前，可惜却因为某个错误的理解而失之交臂。在广义相对论发展时期，爱因斯坦的职业，也从伯尔尼的专利局职员，转变成苏黎世大学的理论物理副教授、布拉格大学教授，最后又回到了苏黎世理工学院。

等效原理指出，引力可以被看成是加速度，因为引力在空间中无所不在，所以必须引进适当的物理量来表示"加速度场"。此外，狭义相对论提出了一个重要的新概念，指出在牛顿力学体系中的一维时间和三维空间不再是各自独立的。洛伦兹（Hendrik Lorentz, 1853—1928）已经得出了在两个相对等速运动的观察者之间，所测量到的时间和长度的转换关系，也就是说，时间和空间必须被看成一体，形成一个被称为"时空"（spacetime）的概念。闵可夫斯基提出适用于狭义相对论的四维时空数学架构，而爱因斯坦则首先在四维平直时空上思考新的引力理论。在布拉格时期，他尝试相对简单的纯量（scalar）理论，他将光速视为一个空间函数，并预期这个纯量函数会如同牛顿万有引力理论中的引力势一样，可以表示引力场的大小。

不过，这个尝试最后并没有成功，而且爱因斯坦也开始理解到，单单用一个纯量不足以表示引力作用。在从布拉格回苏黎世的前后，他已经开始考虑引力的张量（tensor）理论，思考使用时空的度规（metric）来描述引力场。在四维的时空，度规是一个四乘四的对称矩阵，所以有十个分量，决定时空中长度和角度的大小。以直觉的图像来说明爱因斯坦的新方案，就是用时空的弯曲程度，来表示引力场的大小。时空弯曲愈大的地方，加速度愈大，也代表引力愈强。

一个完整的引力场理论包含两个部分：第一部分需要知道物质如何产生引力场，在牛顿的理论中亦即万有引力方程。第二部分是引力场如何作用在物体上，因而改变物体的运动状态，在牛顿的理论中就是第二运动定律。在广义相对论弯曲时空的框架下，引力如何作用在物体的部分相对容易解决，物体在弯曲时空中运动所走的是最短路径，而最短路径在数学上可由测地线方程（geodesic equation）算出。因此，广义相对论的建构中最核心的问题就是，必须推导出物质如何弯曲时空的引力场方程。

尽管爱因斯坦对于建立新的引力理论的物理直觉是清晰而深刻的，但是要将他的想法具体地实践出来，需要一个全新的数学架构。讨论弯曲时空结构、现在称为"微分几何"（differential geometry）的数学工具，便成了广义相对论所需要的数学平台。但遗憾的是，爱因斯坦一开始并不十分熟悉微分几何，以至于迟迟无法构建出一个具有一致性的理论。回到苏黎世后，他向同学格罗斯曼再次寻求帮助，他拜托老同学："格罗斯曼，你一定要帮帮我，否则我会疯了。"

爱因斯坦开始和格罗斯曼合作，埋首于广义相对论的建构，这段期间有关爱因斯坦的思想脉络和工作内容，均详细地记载于被称为《苏黎世笔记》（*Zurich notebook*）的档案中。经过了一段时间的努力，爱因斯坦和格罗斯曼终于在1913年发表了著名的《纲要》（*Entwurf*）论文（完整论文题目为：*Outline of a Generalized Theory of Relativity and of a Theory of Gravitation*），这篇论文分为物理与数学两部分，分别由爱因斯坦和格罗斯曼撰写。

然而，他们两人在这篇论文中都犯下了错误，而这些错误全是因为他们对弯曲时空的数学没有能够全盘掌握。在这个新的数学领域，大数学家黎曼（Bernhard Riemann, 1826—1866）虽然早在1854年曾发表他对弯曲空间几何的研究成果，但对爱因斯坦和格罗斯曼这样的新手来说，只能通过可获得的数学文献，特别是意大利的数学家如里奇 - 库尔巴斯托罗（Gregorio Ricci - Curbastro, 1853—1925）以及列维 - 奇维塔（Tullio Levi - Civita, 1873—1941）、比安基（Luigi Bianchi, 1856—1928）等人的论文，对弯曲空间的数学工具有粗略的了解。但是，他们尚未完全理解弯曲时空的数学公式的真正含义，以及它在自己新的引力场理论当中所扮演的角色。

一个张量形式的引力场方程式，必须建立起物质和弯曲时空几何的物理关系；对于物质的部分，在狭义相对论之后，物理学家已经知道能量（即质量）与动量在等速坐标变换下的转换关系，并且将它们统合成为二阶的"能动张量"（energy-momentum tensor），而能动张量就是产生引力场的根源。对于弯曲时空的部分，因为度规代表引力势，所以预计它的二次微分会出现在引力场方程式中，满足这个要求的候选者包含有：表示时空曲率（curvature）的四阶黎曼张量（Riemann tensor）和它的可能"缩并"（contraction），包括二阶的里奇张量（Ricci tensor）及曲率纯量（scalar curvature）。

格罗斯曼知道几何里奇张量和物质能动张量都是二阶张量，并且都各有十个分量，正因为这些吻合的特性，很自然地，他提议广义相对论的基本引力场方程为里奇张量等于能动张量（除了一个比例常数，我们将它忽略以简化讨论）。这个提议已经很接近答案了，但可惜还是不正确。如果他们更仔细地分析这个方程的特性，应该有可能纠正其中的错误。这个公式的最大问题是它的不自洽性，也就是说，这是一个不可能的等式。在几何部分，黎曼张量必须满足一个现在称为"比安基恒等式"的约束，如果将这个约束套在格罗斯曼所提议的引力场方程式上，就会发现得到的结果和物质必须符合的能量和动量守恒定律相冲突。

当然，这个矛盾对爱因斯坦和格罗斯曼来说不是显而易见的，他们的计算和推理可不很简单，而且在当时比安基恒等式也并不是众所周知，除了意大利之外，几乎并不为人所熟知。不只是格罗斯曼和爱因斯坦不知道，公平地来说，在他们的论文发表之前，当时德国的数学家，无论是希尔伯特（David Hilbert, 1862—1943）、克莱恩（Felix Klein,

1849—1925）或外尔（Hermann Weyl, 1885—1955），都不会比爱因斯坦和格罗斯曼知道得更清楚，在那个时候可能只有列维－奇维塔知道这个恒等式。不过，我们还是应该说爱因斯坦是幸运的，因为格罗斯曼知道的数学知识，足以完成一个良好的广义相对论初始"纲要"。

当时爱因斯坦认为他们的理论还有另一个缺陷，他们的方程似乎有个"洞"。爱因斯坦所谓"洞"的论点就是，对于给定的引力场源，他们的方程似乎不能决定"唯一"的弯曲时空几何形状。此时，爱因斯坦尚未能理解到这个"洞"其实只是一个虚构的想象，时空几何事实上是唯一的，但它在数学上的表象是依赖于所采取的坐标系统。爱因斯坦企图在方程式中修复这个想象的缺陷，而这些徒劳无功的追求，使他发表了许多错误版本的引力场方程式，并花费了他几年的光阴。正如他自己后来承认，他的一系列引力论文，事实上是绕了一连串的弯路。

除此之外，新的引力理论在弱场的近似下，必须符合牛顿的万有引力公式，爱因斯坦在一开始认为引力场的强度，主要来自度规的时间分量，并没有理解到度规空间的分量也会有相同大小的贡献，这个错误同样使爱因斯坦困惑了一段时间。与此同时，爱因斯坦还希望被观测到的水星椭圆轨道"超额进动"（excess precession），也就是超出牛顿理论所估算出来的进动角，可以被新的引力理论解释。为了计算他的引力理论所产生的水星轨道的进动大小，爱因斯坦邀请他的朋友贝索（Michele Besso, 1873—1955）来帮忙。

　　在苏黎世理工学院，贝索是一位优秀的学生，受到了更好的数学训练。关于水星轨道进动角的计算虽然非常冗长而繁复，但是很直接。最后得到的结果并没有给爱因斯坦带来愉悦，该计算得到的进动角，只有实际观测超额进动角的一半左右，而爱因斯坦还未理解到，这是因为他忽略了度规空间分量贡献的关系。爱因斯坦对这个令他失望的结果保持沉默，将它深藏在抽屉里；直到1915年，当爱因斯坦改进了他的引力理论，并且清楚了解问题的症结后，才能很快地重新计算，并得到他所期待的数值，符合观测结果。

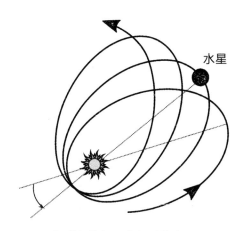

每世纪的近日点运动约为1.6°

图 1-1　水星轨道进动

物理与数学的火花：广义相对论诞生

广义相对论的诞生——也就是爱因斯坦推导出正确的引力场方程，在1915年的11月。爱因斯坦分别在该月4日、11日、18日和25日发表了有关广义相对论的论文，从考虑比较简单的特殊系统再推广到一般情形，逐步改进结果，而正确的引力场方程则出现在25日的论文中。

爱因斯坦意识到1913年与格罗斯曼《纲要》论文中的那次尝试几乎是正确的，其中所缺乏的是如何正确地将公式中的时空曲率和质量分布关联起来。起初，他也重蹈了格罗斯曼的错误，只专注于将不同形式的里奇张量组合对应到物质的能动张量，当然，所得到的理论依然是不自洽的。爱因斯坦后来发现了这个矛盾，并试图修正。在1915年11月的论文中，他从比较特殊与简单的能动张量形式开始，一步步地修正自己的理论，并在25日的论文中提出了正确的引力场方程式。

引力场方程式中的几何部分，除了里奇张量外，还需要加上一项包含曲率纯量的贡献，将曲率纯量乘上同是二阶张量的度规，这正是在《纲要》论文中所欠缺的部分。最后，将里奇张量、曲率纯量和度规张量做一个特定的组合，定义了现在称为爱因斯坦张量（Einstein tensor）的二阶张量，而引力场方程，被称为爱因斯坦方程，便是时空几何的爱因斯坦张量等于物质的能动张量（忽略了比例常数）。这组方程告诉我们物质的分布如何造成时空的弯曲，时空弯曲的程度经由测地线方程给出加速度，而根据等效原理，我们就知道引力作用大小。

爱因斯坦很快地重新考虑了太阳周边时空的弯曲，如何影响行星运动和光线的传播。他重复进行了三年前和贝索关于水星轨道近日点进动的计算。他很高兴地发现，得到的结果和天文上已知的观测数据是相符的。他也重新计算了光线通过太阳附近，因引力场的影响所造成的路径弯曲，修正了他在1911年的预测结果，新的计算数值是先前结果的两倍。

希尔伯特有关引力场方程的论文，也是在这个时间点完成的，所以一直都有到底是谁先得到引力场方程的争论。爱因斯坦首次提出正确的引力场方程是在1915年11月25日，但就在五天之前，也就是11月20日，著名的数学家希尔伯特在哥廷根（Gottingen）的报告中，介绍了他对广义相对论的研究成果。希尔伯特的研究主要目的是考虑引力与电磁力的整合模型，他从作用量（action）出发，利用变分原理（variational principle），进而分析理论的数学性质。

变分方法是在牛顿力学系统中被建构出来的，希尔伯特将它用到引力与电磁的整合理论上。作用量是个纯量，而且当时已经知道电磁场的作用量形式。对于几何所代表的引力部分，希尔伯特很自然地猜测它的形式是曲率纯量对时空的积分，将此作用量对度规做变分，就可得到电磁场产生引力场的爱因斯坦方程。这是一个非常简洁明了的方法。关于希尔伯特报告内容的论文，则正式发表于来年3月，在论文的印刷版本中，希尔伯特也推崇爱因斯坦的贡献："引力微分方程，在我看来，符合爱因斯坦在他的论文中所建立的广义相对论大纲。"

爱因斯坦和希尔伯特论文发表的时间十分接近，导致了谁先孰后的争议：发现引力场方程应归功于爱因斯坦还是希尔伯特？有些物理学家和科学史家认为希尔伯特首先发现引力场方程，而爱因斯坦则是在几天之后独立地发现了它。

希尔伯特参与广义相对论的研究是始于1915年6月，那年夏天，爱因斯坦访问了哥廷根，并发表了一系列演讲介绍他的引力理论。他和希尔伯特对理论中的问题进行深入地讨论。这是他们首次碰面，爱因斯坦对希尔伯特有高度的好感，他曾说过："我在哥廷根的一个星期，认识了他并且喜爱他。我举行了六次两小时长的演讲介绍新的引力理论，最让我高兴的是，我完全说服了那里的数学家。"

在接下来的几个月里，希尔伯特深入研究爱因斯坦的相关理论，他很快就找到了一个优雅的数学处理方法。他写信给爱因斯坦，告诉自己的研究成果，而爱因斯坦则要了希尔伯特的笔记与计算的副本。爱因斯坦在11月18日前显然收到了这些笔记副本，因为就在这一天，他回复希尔伯特说："你所建立的系统，据我观察，与我在最近几个星期发现并且在学院报告的结果是完全一致的。"没有证据可以判断希尔伯特给爱因斯坦的笔记中，是否已有爱因斯坦方程，如果有，那么爱因斯坦就是在自己提出这个方程（11月25日）前就已经知道结果。

另一方面的说法是，明确的引力场方程事实上并没有出现在希尔伯特给爱因斯坦的笔记副本里，甚至也没有在他11月20日的报告中，希尔伯特是在稍后的论文校对过程中，且是在看了爱因斯坦的论文后，才将爱因斯坦方程式加入自己的论文当中。这两种看法，在1997年哥廷根大学图书馆公布有关希尔伯特在12月6日所做的论文校对相关文件后，更添加了神秘色彩。

希尔伯特的校对版论文内容和最后正式发表的版本有些不同，最特别的是，在校对版文件中，可能包含爱因斯坦方程式的半页手稿被人撕走了。这种状况使得真相更加扑朔迷离，阴谋论的说法层出不穷：难道是爱因斯坦的支持者摧毁证明方程存在的证据？抑或希尔伯特的支持者想要掩盖方程式不存在的事实？希尔伯特的变分方法，原则上可以得到爱因斯坦方程式，但是，这个变分推导是很复杂的，希尔伯特当然有能力完成计算，问题是他是在11月20日的报告前就明确地推导出爱因斯坦方程，还是他在后来才加到正式发表的论文里？

无论真相为何，爱因斯坦和希尔伯特对广义相对论的建立，都扮演着极其关键的角色。爱因斯坦的物理图像清晰，动机明确，虽然所需的数学基础和一些疑惑困扰了他许多年，但终究达到目的；希尔伯特经由爱因斯坦的介绍开始进行引力研究，他的数学知识雄厚，利用作用量和变分的方法，给引力场方程的推导开辟出一个在数学上非常简洁的方法。精确地说，爱因斯坦方程对应于时空曲率的极值，也就是最大或最小值。这个方法是现代物理学家建构理论的基本手段，影响甚远。他们两人之间在1915年进行的相互交流与讨论，肯定对彼此的研究产生正面的影响。谁先推导出引力场方程的争议，一开始在两人的内心，也确实激起短暂的不愉快情绪。然而，在他们往后的频繁交流过程中，几乎看不出这个争议对他们的友谊造成任何嫌隙，或许他们终究认为，这件事并不是个值得浪费时间和友谊的议题。

值得一提的是，诺德斯特罗姆（Gunnar Nordström, 1881—1923）也曾在1914年推广了牛顿引力能势方程，提出一个纯量场的引力方程式，从广义相对论弯曲时空几何的观点来看，这个纯量场理论所讨论的是一类称为共形平直（conformally flat）的时空，这类时空几何是在平直时空度规上乘了一个共形变换函数，而诺德斯特罗姆理论的纯量场基本上就是这个共形因子。可是，这个理论并无法解释水星轨道近日点的进动，也无法预测光线路径的弯曲。有趣的是，诺德斯特罗姆于1914年在电磁理论的向量势中引进第五维度的分量，尝试建构一个统一电磁理论和他的纯量场引力理论。这是包含引力内在统一理论的滥觞，比卡鲁扎（Theodor Kaluza, 1885—1954）在1919年尝试统一电磁理论和广义相对论所引进的五维的弯曲时空几何，更早地提出额外空间维度的概念，高维时空观念在现代的理论物理，特别是超弦理论中，是一个很重要的时空背景。

爱因斯坦的预言：光线弯曲与观测

历史上，牛顿最先提出光线受引力的影响，它所行进的路径会产生偏折的可能性。在此之后，卡文迪许（Henry Cavendish, 1731—1810）、米歇尔（John Michell, 1724—1793）、拉普拉斯（Pierre-Simon Laplace, 1749—1827）和索尔德纳（Johann Georg von Soldner, 1776—1833）也都曾经做过光线路径偏折的具体计算。回到1911年，爱因斯坦在尚未建构出完整的广义相对论之前，就曾经基于等效原理和他早先的理论结果，预言光线在经过太阳时会受到它的引力作用影响而产生0.87秒角的偏折。[①]

对于光线经过太阳会产生偏折的观测，在广义相对论诞生前就已经尝试进行。观测的对象是恒星所发出的光线，因为太阳光太强烈，所以

---

① 分角（arcminute）和秒角（arcsecond）是天体观测上常用的角度单位，一个圆分成360度角，每度角又分成60度分角，每分角则再细分成60度秒角。

可行的观测只能在日食发生时进行。

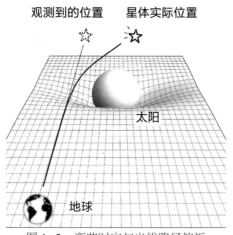

图 1-2 弯曲时空与光线路径偏折

在1914年7月底，德国天文学家弗洛因德里希（Erwin Finlay-Freundlich, 1885—1964）与两位同伴总共携带三组相机前去克里米亚（Crimea），为观测将发生在8月21日的日食做准备。很不幸地，德国在8月1日的正式宣战开启了第一次世界大战，俄国也出兵参与战争。因此，俄国政府拘留了弗洛因德里希，并没收他的设备，使得这次的观测计划被迫中止。爱因斯坦曾经抱怨："决定我的科学奋斗中最重要的结果，将不会在我的有生之年看到。"事实上，当时另一组美国的观测队伍并没有受到战争发生的影响，可惜日食当天的天气并不好，是一个不适合拍摄的阴天，因此美国队伍的观测过程也不顺利。不久之后，弗洛因德里希就因战俘的交换而被释放。

这次观测的延迟对于爱因斯坦来说应该是一个幸运事件，因为直到

1914年，他对光线路径偏折的计算并没有考虑到空间弯曲所造成的效应，预测值为0.87秒角，而这个预测值是不正确的。一年之后，爱因斯坦理解到空间弯曲的部分和时间弯曲的效应是一样大，他修正预测值增加到1.74秒角，是原始结果的两倍，而这才是正确的数值。如果在1914年8月弗洛因德里希成功地完成了对光线弯曲的测量，那么他的观测结果就会不符合爱因斯坦的预言，那么爱因斯坦将会发现自己处在一个相当尴尬的位置上。

支持广义相对论最关键的观测结果，是英国天文物理学家爱丁顿（Arthur Stanley Eddington, 1882—1944）所领导的团队在1919年完成的。爱丁顿是广义相对论在英国首要的支持者，他曾用英语写了许多文章来介绍并推展广义相对论。和爱因斯坦一样，爱丁顿在当时是少数和平主义的热衷支持者。第一次世界大战期间，爱丁顿已是皇家天文学会（Royal Astronomical Society）的秘书，这段时期，英国实行了征兵政策，而爱丁顿宁可被判刑也不愿意入伍服役参与战争。经过了一番努力，他以日食观测在科学研究中的重要性为由，成功地说服仲裁庭给予他一年的兵役豁免权，让他可以领导1919年的日食观测团队。幸运的是，这场战争在爱丁顿豁免时效过期前的1918年底就结束了。

在战争结束后的1919年，共有两个团队对当年5月29日发生的日食进行观测。格林尼治（Greenwich）天文台的克罗姆林（Andrew Crommelin, 1865—1939）所带领的观测团队到巴西的索布拉尔（Sobral），而爱丁顿则领队到位于非洲几内亚海岸外的普林西比岛（island of Príncipe）。这次的观测进行得很顺利，而观测数据分析的结果符合了爱因斯坦广义相对论的预测。

观测的结果于1919年11月6日在英国皇家哲学学会（Royal Philosophical Society）和皇家天文学会的伦敦联合会议上向全世界公布，皇家天文学家戴森（Frank Watson Dyson, 1868—1939）总结说："经过仔细研究拍摄的底片，我正式宣布，结果证实了爱因斯坦的预言。一个非常明确的结果显示了光线的偏折，符合爱因斯坦引力理论的推论。"就在第一次世界大战结束一周年的前夕，德国科学家爱因斯坦延续了英国科学家牛顿的光环，而爱因斯坦也因此迅速地提升至世界名人的地位。

对于1919年观测的结果曾经有一些不同的意见，有人认为，爱丁顿团队拍摄的质量并不好，而且他似乎并不公正地忽略在巴西观测中比较接近牛顿理论的数据。这个质疑持续很久，直到1979年用更先进的技术和设备重新分析当年观测的数据，才再一次验证了爱丁顿的结论。

关于爱丁顿有一个有趣的故事。物理学家席尔伯斯坦（Ludwik Silberstein, 1872—1948）自认为是相对论的专家，曾经向爱丁顿说他是全世界真正知道广义相对论的三个人之一。当时爱丁顿迟疑了一下，席尔伯斯坦坚持要爱丁顿不必不好意思承认，这时他回答说："哦，不！我只是在想第三个人可能是谁！"

宇宙的动、静与宇宙常数项

在爱因斯坦和希尔伯特于1915年底推导出了广义相对论的爱因斯坦方程后，两种不同类型的解很快就被发现。史瓦西（Karl Schwarzschild, 1873—1916）在同一年就发现了具有球对称的静态真空解。所谓静态就是不随时间改变，而真空则是指物质场的能动张量为零，事实上这个解在坐标原点有一个"点"质量，而史瓦西发现的就是由这个点质量所产生的黑洞（black hole）解。黑洞的中心有一个奇点（singularity），这个奇点则是由一个看似同样奇异的球面——称为视界面（event horizon）所覆盖着。物理学家经过许多年后才清楚地认识到，这个视界面事实上并不是奇异的。除此之外，贝肯斯坦（Jacob David Bekenstein, 1947—2015）根据黑洞相似于热力学系统的特性，提出黑洞可能会有温度。在考虑量子效应后，霍金（Stephen Hawking, 1942—2018）甚至推断出黑洞不但有温度、熵等热力学概念，还会产生热辐射。物理学家直到现在还未能完全理解黑洞的性质（详细情况参阅本书第三章的介绍）。

另一类型的解，是对应于均匀（homogeneous）和各向同性

（isotropic）的物质能量分布。这个假设在大尺度上来看很接近我们宇宙中的物质分布，所以物理学家凭借爱因斯坦方程所决定的简单宇宙模型，来讨论我们宇宙的特性。

爱因斯坦本人在1917年率先考虑广义相对论的宇宙解。在他的考虑当中，假定宇宙的三维空间是一个具有正曲率的超球面，类似于我们熟知的二维球面，然后搜寻一个静态解。在爱因斯坦的心中，两个重要思维支配着他对宇宙学的看法，第一是马赫原理（Mach's principle）。马赫原理的概念是形而上学的，认为物体的惯性是由宇宙其他物质作用的结果。换言之，在一个"真空"的世界中，物体是不会有惯性的。对爱因斯坦来说，史瓦西黑洞解违反他所深信的马赫原理，爱因斯坦想到最简单的解决办法，就是考虑没有边界的空间，也就是三维的超球面。

第二，爱因斯坦相信我们的宇宙是静态的，也就是不随时间改变，针对爱因斯坦所考虑的宇宙模型来说，就是物质的密度和三维超球面的半径都不随时间变化。当时物理和天文学家还不知道我们的宇宙是在膨胀，因此静态宇宙的想法在那时候应该是很自然的。爱因斯坦想当然地预期，广义相对论将支持他的观点，可是，结果并非如他所预期的一样，爱因斯坦方程没办法得到具有固定半径的宇宙模型。事实上，这样的结果和引力的本质有关：引力作用于所有物质，而且永远是吸引力，因此无法保持固定不变，而是会产生坍塌。

爱因斯坦想到一个补救的办法，就是引入一项能够产生"反引力"的额外因子到原来的爱因斯坦方程式中，这个和引力作用完全相反的排斥力，只有在宇宙的大尺度上才会有明显的效果，并且平衡引力作用的吸引力。爱因斯坦发现可以在他的方程式中加入一个常数项来达到此目的，这个新加入的常数就称为"宇宙常数"（cosmological constant）。如果宇宙常数取正值的话，就会产生排斥力的效应。

然而就在同一年，德西特（Willem de Sitter, 1872—1934）考虑了一个更简单的情况。他指出，在加了宇宙常数项的爱因斯坦方程中，假设宇宙里没有任何物质，而仅仅只有一个正的宇宙常数项，就会有一个三维空间是平直的解，并且，在这样一个真空的时空中，粒子仍然会具备惯性。这又违反了爱因斯坦所相信的马赫原理。一开始爱因斯坦认为，德西特所找到的解不是物理的。因为在这个时空中，存在一个类似于黑洞的视界面，而在当时，视界面被误认为是奇异的。事实上，德西特的真空解可以被转换成一个动态的宇宙模型，因为宇宙常数项所产生的排斥力，德西特宇宙会不断地扩大，而且扩大的速度在不断地增加，无法保持宇宙的平衡。我们说，宇宙常数项在德西特宇宙造成了加速膨胀。无论如何，德西特发现带有正宇宙常数的真空解，说明了爱因斯坦想要在广义相对论中实现马赫原理是不可靠的。在晚年，爱因斯坦完全放弃了马赫原理，他说："其实，我们不应该再提到马赫原理了。"

1922年，弗里德曼（Alexander Friedmann, 1888—1925）在他发表的一篇论文中，重新考虑了爱因斯坦在1917年提出的宇宙模型，只不过他放弃了爱因斯坦深信的静态宇宙观点，而讨论动态宇宙的可能性，他考虑物质的质量密度是时间的函数，并且宇宙空间超球面的半径也会随时间改变。最后，他得到了有可能膨胀或收缩的宇宙模型，并且指出，在这个模型中宇宙常数项事实上是多余的。对于弗里德曼的结果，爱因斯坦首先质疑解的正确性，也就是说他认为这个动态模型不会满足爱因斯坦方程。远在苏联的弗里德曼对这个质疑相当失望，他通过朋友试图说服爱因斯坦，他所建构的模型是正确性的。

1923年，爱因斯坦发现了自己在质疑中所犯的错误，并承认了引力场方程确实存在球对称的动态解。但是，这并不意味着爱因斯坦已经接受了动态宇宙模型，在爱因斯坦当时发表的文章中，我们可以看到他对弗里德曼动态宇宙的评论："它几乎不可能有任何物理意义。"1924年弗里德曼推广了他的宇宙模型，在他先前的正曲率"封闭的"（closed）模型上，考虑不同的拓扑结构的宇宙模型，只可惜他没能活到他的模型在天文观测上被验证的时候。他于1925年在一个升空气球实验的意外事故中去世。

在此时期，关于天体物理的许多观测技术也逐渐提升，例如，从部分星系所接收到的光谱中观测到红移的现象。根据这些观测结果，爱丁顿事实上比较偏爱德西特的宇宙模型，而他的学生勒梅特（Georges Lemaître, 1894—1966）则证明了在德西特解中红移和距离间会有线性的关系。1925年，哈勃（Edwin Hubble, 1889—1953）从观测遥远星系的辐射中更进一步地发现，这些星系光谱都存在着有系统的红移现象，这个现象应该是因为多普勒效应（Doppler effect）造成的，换言之，这些遥远星系正以极快的速度离我们远去。这是一个出人意料的重大发现，令人困惑的是，这怎么可能会发生呢？

勒梅特在1927年给这个疑问提供了一个回答，他找到爱因斯坦方程的一个宇宙模型，这个模型有正曲率的空间、随时间变化的物质密度和压力，以及一个非零宇宙常数。勒梅特建构了一个在膨胀的宇宙，并将星系红移解释为是因为空间膨胀所导致，而并不是星系有真实的移动。空间不断扩大，星系间的距离就会增加，这是一个非常具有创意的想法。

可惜的是，勒梅特的结果并没有马上受到重视，包括他的导师爱丁顿也没能立即看出这件工作的重要性，甚至勒梅特从爱因斯坦那儿得到了"从物理上来看，这真是糟糕透了"的评价。这时的爱因斯坦还是坚持他的立场，如同回答弗里德曼一样，他只接受勒梅特的结果在数学上是正确的，但在物理世界并不会存在膨胀的宇宙。关于膨胀宇宙模型，罗伯逊（Howard Robertson, 1903—1961）在1929年，有系统地推导出具有均匀空间宇宙的所有可能度规，而沃克（Arthur Walker, 1909—2001）也在1936年完成类似的工作。

1929年，哈勃发表观测数据，确认了宇宙是在膨胀的事实。不仅如此，他也归纳出星系远离的速度与距离间有线性正比关系，称为哈勃定律（Hubble law），而速度和距离的比例系数则被称为哈勃常数（Hubble constant），这个结果与勒梅特两年前所预测的结论一致。爱丁顿理解勒梅特1927年论文的重要性，提议将它翻译成英文出版。然而，英文译本和原始法文版本之间存在耐人寻味的差异，一段讨论有关哈勃定律线性关系的重要段落被忽略了，使得勒梅特在宇宙学的重要贡献并没有得到应有的公正评价，而所有发现膨胀宇宙的光环，全都给了哈勃。曾有人质疑哈勃干预了勒梅特论文英译本的出版内容，但是，后来在相关的档案中发现，事实上是勒梅特自己翻译了这篇论文，可能是为了避免不必要的压力，他选择了删除其中的一些段落和附注。

哈勃的观测结果，确定了我们的宇宙是在膨胀，开启了宇宙学研究的全新视野。而爱因斯坦在他的晚年亦表示，宇宙常数项是他这辈子所犯的"最大错误"。然而，宇宙常数项本身并不是一个真正的错误。随着我们对宇宙观测的技术突飞猛进，近几十年来，无论是在地面上还是在卫星上的观测结果，都带给我们有关宇宙更精确的数据。从1998年的超新星观测数据中，我们发现，宇宙不只是在膨胀，而且膨胀的速度愈来愈快。因为引力的吸引作用，所以我们预期，宇宙的膨胀速度，会因为引力吸引的影响而愈来愈慢，但观测的结果却正好相反。也就是说，我们的宇宙间确实存在产生排斥力的奇异物质，被统称为暗能量（dark energy），对暗能量的研究，是目前宇宙学中最重要的课题之一，而暗能量最简单的可能性，正是宇宙常数。

事实上，爱因斯坦的错误不是在提出宇宙常数项，而是误认为它能够提供一个静态的宇宙模型。爱因斯坦有机会比观测结果早10年预测宇宙正在膨胀，甚至早80年预测宇宙在加速膨胀。很可惜，这两个机会爱因斯坦都错过了。他先引进了宇宙常数项想获得静态模型，而失去发现宇宙膨胀的可能性；后来他丢掉了宇宙常数项，以致失去了发现宇宙加速的机制。严格来说，爱因斯坦真正的失误是，他没有注意到在引进宇宙常数项后，考虑静态宇宙模型有一个本质上的缺陷，也就是这个静态宇宙模型实际上是不稳定的。但是，除了爱因斯坦之外，在当时也没有其他人指出这个问题，直到1930年，爱丁顿才通过勒梅特的结果证明出这个性质。

引力波存在吗？

在爱因斯坦广义相对论的架构下，时空几何不是固定不变的，能量和动量的存在会使时空弯曲；时空的几何结构体现引力场的大小，是可能随时间改变，类似于湖面的水波一样。在这样的架构下，一个很自然的问题是，时空几何的变动是否会产生引力波（gravitational wave），传递引力的信息与能量。对于引力波的研究，爱因斯坦也时常改变自己的想法和结论，挣扎于存在与不存在两者之间。在1916年2月给史瓦西的信件中爱因斯坦提到，根据他的广义相对论，并不存在类似光波的引力波，并将此结论归因于引力理论中并不存在类似电磁理论中的偶极体（dipole）。然而，几个月后，就在同年的6月，爱因斯坦发表了一篇预测引力波存在的论文。

关于引力波的研究，爱因斯坦在1936年与罗森（Nathan Rosen, 1909—1995）向美国的《物理评论》（*Physical Review*）期刊投稿了一篇题目为《引力波存在吗？》的论文，内容提出一个令人吃惊的结论：平面引力波并不存在。《物理评论》的编辑在收到一份详细的审稿报告后，把审稿意见寄给爱因斯坦，并请他对评论意见做出回应。爱因斯坦的回信内容是：

> 我们（罗森先生和我）寄我们的手稿给你去发表，并没有授权你在付印前将它交给任何专家看。我认为不论怎样的错误，都没有理由去理会匿名专家的评论。因为这样的缘故，我宁愿在其他地方发表这篇论文。

> We(Mr.Rosen and I) had sent you our manuscript for publication and had not authorized you to show it to specialists before it is printed. I see no reason to address the—in any case erroneous—comments of your anonymous expert. On the basis of this incident I prefer to publish the paper elsewhere.

期刊的编辑回答说，他很遗憾爱因斯坦决定撤回论文，但他表示不会放弃期刊的审查程序。爱因斯坦对这件事相当愤怒，从此以后，他没有在《物理评论》期刊上发表任何论文。平心而论，对爱因斯坦来说，这样的审查程序是在他过去于德国的期刊发表论文时都没有过的。

后来，罗森去了苏联，爱因斯坦也有了新的助手英费尔德（Leopold Infeld, 1898—1968）。有一次，英费尔德受邀拜访罗伯逊，罗伯逊试图说服英费尔德接受爱因斯坦和罗森那篇论文中的问题。当英费尔德告诉爱因斯坦这件事时，爱因斯坦说自己刚刚也发现了论文中的一些问题，他不得不修改准备在第二天做的报告内容。最后，爱因斯坦在校稿的过程中修正了与罗森一道创作的论文，认为他们证明了圆柱对称的引力波是存在的，这和原始宣称的结论相反。后来公开的文件揭示，罗伯逊就是当年爱因斯坦和罗森论文的评审专家。

　　引力波的存在已经在理论上被确认了，并且在1974年，双脉冲（pulsar）PSR 1913+16的发现也间接验证了引力波的存在。这两个脉冲星靠得很近，彼此环绕的速度很快，会产生很强的引力辐射，引力波带走了能量使它们之间的距离更靠近，环绕速度更快。通过精确测量双脉冲星的周期变化，估算损失能量的速率，与引力波计算的结果相符。不过这只能说是间接的证据，对于引力波的直接观测，科学家已经投入了大量的人力和金钱，执行多个地面或卫星的观测计划，而LIGO（Laser Interferometer Gravitational-Wave Observatory，引力波天文台）团队也已经在2015年9月14日首次直接观测到13亿光年外两个黑洞合并所产生的引力波（详细情况参阅本书第四章的介绍）。

对统一场论的追求

在完成广义相对论后，爱因斯坦很快将他的研究热情投入统一场理论。那时，物理学家所知道的作用力只有两个：电磁力和引力。所以早期统一场理论的目标是整合电磁场和引力场，这两个长程作用力是否有一个共同的起源？即使后来弱相互作用力和强相互作用力陆续被发现，爱因斯坦在往后的30年间，也只热衷于统一电磁场与引力场的理论，他甚至期待，统一场理论能说明量子物理中的所有现象。

外尔在1918年也利用几何的方法来统一电磁作用，而提出规范（gauge）的想法，爱因斯坦一开始很感兴趣，但很快他就看出其中的问题。外尔认为，在时空几何中两点之间，除了度规之外，还可以加上额外的自由度。为了包含电磁场，外尔就加入了一个称为规范场的"向量"自由度，数学上来说，接近于度规的协变微分等于度规乘上一个向量，而几何上的理解，就是在平移的过程中，长度和夹角会改变，而外尔的理论就是长度的改变对应于电磁场的规范变换。

这个理论很复杂，会导致高阶的场方程，从物理的角度来说是不合理的。爱因斯坦在外尔文章发表前就读过它，甚至在刊登的文章后面写了一个附笔，提出质疑：在这个理论中，标准尺的长度和标准钟的速度会依赖于过去的历史。文章最后，则是外尔对爱因斯坦质疑表示不认同的回复。虽然外尔的尝试最后没有成功，但他规范不变性的想法后来深深地影响了规范场论的发展，如果把外尔的想法延伸到复数系统，电磁的规范场实际上对应的不是长度的大小，而是其相位。

此外，爱因斯坦也对卡鲁扎在1919年提出的高维时空方案深感兴趣，还曾写过几篇相关论文。卡鲁扎的论文发表在1921年，而克莱恩（Oskar Klein, 1894—1977）也在1926年独立提出相同的想法。卡鲁扎考虑五维时空来统一引力场与电磁场。跟四维时空相比，五维时空的度规多了五个自由度，其中四个被考虑用来表示电磁作用。换言之，在五维时空架构下，电磁实际上是引力的一部分。然而，我们没有办法解释另外一个自由度的物理现象，如果要求它为零，又会给出令人讨厌的约束条件。并且，这个额外的第五度空间必须很小，至少我们看不见它的存在。

事实上，爱因斯坦最热衷考虑的统一场论方案，是在时空几何中加上独立的联络（connection）。时空几何中的度规是用来决定时空中两点间的长度和两向量间的夹角，而联络是决定如何将一个向量"平移"（parallel transport）到另外一点去。广义相对论所采取的数学称为黎曼几何，其中，联络没有额外的自由度，完全被度规所确定。爱因斯坦考虑更一般的几何，有独立的联络自由度，也伴随着一个新的几何量，称为挠率（torsion）。新的自由度可容纳更大的物理系统，而爱因斯坦的目标当然是引力加上电磁力。

他从1928年起考虑了绝对平行（distant parallelism或teleparallel）的架构，其框架虽然不是一个真正有效的方式来统一引力和电磁力——主要原因是无法得到正确的电磁场方程，但这个理论有一些好的特性：（1）引力能的局域化；（2）时空平移的引力规范理论。除此之外，爱因斯坦也曾考虑过度规不再只是对称的张量，而它的反对称分量个数刚好与电场加上磁场的分量个数相同。然而，他尝试用度规的反对称分量表示电磁力，也因为无法得到满意的场方程式而宣告失败。

爱因斯坦对统一场理论的追求，始终没有获得满意的结果。直到去世前，他还惦念着自己在统一场理论方面未完成的工作和相关手稿。有人认为，爱因斯坦把人生最后的时间"浪费"在对统一场理论的追求，这个批评太过武断。除了爱因斯坦外，诺德斯特罗姆、希尔伯特、外尔、爱丁顿、薛定谔（Erwin Schrödinger, 1887—1961）等人，都曾经尝试用几何的框架建构统一场理论。虽然电磁力和引力统一的道路十分艰难，一直到现在也未能有所成，但物理学家在电磁力、弱相互作用力与强相互作用力的统一上，则已获得很卓越的成果，其中规范对称的概念扮演着至关重要的角色。

引力场也曾以规范理论的概念来讨论，其中的规范对称变换为平移与转动，平移对称所对应的守恒量为能量、动量，而转动则为角动量或自旋（spin）。同时，从作用量分别对度规和联络的变分会得到两组场方程式。有趣的是，由规范理论思维所得到的场方程式几何和物质的对应应该是，能动张量产生时空挠率，而自旋则产生时空曲率。但是，在包含广义相对论的引力规范理论中，预期的几何与物质间的耦合关系刚好颠倒过来，赫尔（Friedrich Hehl, 1937—　）曾经在他的报告和文章中引用中文的成语"张冠李戴"来形容这个性质。除此之外，爱因斯坦在统一场理论追寻中所使用的想法和技巧，直到今天，还持续地被应用在处理当代物理学的前沿问题上。

引力能——对称与守恒

能量和动量的守恒概念，对广义相对论的发展产生过重要的影响，并且，探讨关于引力场本身所具有的能量和动量之特性，对19世纪物理学的发展起到了很大的作用。

爱因斯坦在1912年到1915年之间发展广义相对论的时候，曾经考虑满足守恒定律的引力场能量和动量，因此，在尚未得到爱因斯坦方程之前，他就已经提出了引力场的能量和动量的表达式。由于他曾经困惑于自己所谓"洞"的论点，以至于怀疑一个普遍协变的引力理论是否会存在。对此他提出利用能量守恒的条件，来选择一个最恰当的物理坐标系统。在1915年11月25日的论文中，爱因斯坦认为他找到了引力场的能动"张量"。

事实上，爱因斯坦的引力场能量、动量表达式是一个赝张量（pseudotensor），并且薛定谔和鲍尔（Hans Bauer）都曾对爱因斯坦的赝张量提出批判，因为它可以给出完全没有物理意义的结果。除此之外，洛伦兹和列维－奇维塔提出只有爱因斯坦张量是最合适的引力能—

动量密度，由此，爱因斯坦场方程可以被解释为引力场和物质场的能动张量之和为零。从现代对广义相对论的理解上来看，这个看法在某种程度上是正确的。只不过实际的情况要比原先想象的复杂很多，故事不单单只是能动张量的密度而已。

虽然爱因斯坦在1914年时曾采用过变分方法，但这不是他寻找场方程的主要途径。希尔伯特首先发现了一个协变的拉格朗日量（Lagrangian），并提出一个与微分同胚不变性（diffeomorphism invariance）有关但是相当复杂的引力场"能量矢量"，这个矢量满足守恒定律。对数学家希尔伯特来说，他所关心的是一个理论的数学性质，而非其中的"细节"。如，守恒定律是否成立，远比守恒量的精确形式是什么来得重要，就如同，方程式解的存在和唯一性，远比解本身来得重要。

后来，克莱恩认知到希尔伯特的"向量"和爱因斯坦的"赝张量"两者之间具有关联性，只不过当中还有许多问题尚待厘清。然后，希尔伯特和克莱恩将问题交给了诺特（Emmy Noether, 1882—1935），而她最终解决了迷惑。诺特在1918年发表的研究结果，虽然被遗忘了很长的时间，但是其内容与近代理论物理的发展中最重要的概念息息相关。

诺特最初的研究目的是为了厘清引力场能量的相关议题，一开始，她的研究目标就是希尔伯特的能量矢量。在1918年写给希尔伯特的信中，克莱恩感谢诺特的帮忙，才使他更清楚地理解引力能问题的本质。克莱恩提到，在向诺特提及有关希尔伯特的矢量和爱因斯坦的赝张量之间的关联时，他发现诺特不但已经注意到这个问题，且早在一年前就获得了相同的结果，只是她没有正式公布。

希尔伯特在回函上说，他完全同意克莱恩的说法，其实早在一年多前，希尔伯特就请诺特帮忙厘清有关他的能量定理中一些解析问题，当时就发现他提议的引力能和爱因斯坦的版本间是可以转换的。此外，希尔伯特还曾经断言，在广义相对论中，并不存在有合适的引力能密度表达式，他把这个事实视为广义相对论的一个重要特征，这个断言呼应了洛伦兹和列维－奇维塔的结果。诺特则在数学上严格证明这个预测，她证明，缺乏适当的引力能密度这个性质，不仅发生于爱因斯坦的广义相对论中，实际上，所有具有时空微分同胚不变性的引力几何理论，都没有适当的能量—动量密度表达式。

这个结果其实并不奇怪，等效原理意味着一个引力根本的特性，只考虑一个点无法判断是否有引力场的存在。这个性质说明了，引力的能量，或者更广义上来说，所有物理系统（不忽略掉引力作用）的能量，都不会是局域性（local）的。因此，引力能只能是准局域性（quasi-local）的。换言之，我们无法计算在每一个点上的引力能，因为我们总是得到零值；而实际上，我们只能计算在一个由封闭的二维曲面所包含的范围内之引力能，并且结果只跟曲面上的引力场有关。而引力能的准局域表示式和相关性质的研究，是本文作者的科研主题。

如果说要选一个词来描述20世纪理论物理的进展，最贴切的选择就是"对称"（symmetry）。绝大部分理论物理的概念中都包含对称性，如规范对称，奠定了电磁力、弱相互作用力和强相互作用力的理论基础。而诺特在1918年的研究成果中最重要的，就是有关对称的两个定理。诺特第一定理讨论总体（global）对称性，每一个总体对称都会伴随一个守恒量。例如，时间平移对称相应于能量守恒，空间平移对称对应动量守恒，而转动对称则代表角动量守恒。诺特第二定理考虑局域（local）对称性，每一个局域对称会对应于一个微分恒等式。对于规范不变性，通过诺特第二定理所找出的恒等式，是现代规范理论中很重要的根基。而这些结果，都是从引力能的研究时得到的。不幸的是，诺特的工作被忽视了将近50年。但从本质上来说，近代理论物理的建构，都是诺特定理的应用。

第二章

宇宙学百年回顾

李沃龙　巫俊贤

2014年3月18日下午，《联合晚报》率先刊出了一条震惊科学界的大消息：《发现天文学圣杯"值得拿诺贝尔奖"》。内容主要叙述"包括斯坦福大学华裔学者郭兆林在内的美国天文学家科研小组17日宣布，他们发现了天文学界的'圣杯'：大爆炸后一兆分之一秒，宇宙急速扩张留下的印记——爱因斯坦将近一世纪前提出的引力波……"

引力波是什么？引力波和宇宙膨胀有什么关系？为何发现引力波值得拿下诺贝尔奖？本文试着从物理宇宙学（physical cosmology）的发展脉络，梳理此重大科学新闻的本源，试着探讨大爆炸宇宙论的本质及未来挑战。

宇宙学的研究对象是整体宇宙（the Universe as a whole），探索宇宙的起源、演化、终极命运，以及大尺度结构的形成。大多数的古文明都包含许多开天辟地的故事，解释人们生存所面对的现实世界。这些关于天地山海的故事所诉说的，并非各不同文化对宇宙的研究成果，而是先民借由创造更宏伟的图像，厘清人类在宇宙间的位置与存在的意义。对称的简洁美感与相应而生的秩序（如阴阳、五行等）往往穿插在这些精彩叙述中，扮演重要的角色。现代宇宙学虽然发展较晚，亦非传承自远古文明，但作为自然科学的一个分支，对称原则依然在宇宙模型的思考与发展上，发挥得淋漓尽致，举足轻重。

我的位置决定我的星空

我们存在于地球上的时刻与位置，深刻地影响环绕在我们周遭宇宙星空的面貌。如果住在赤道附近，你会看到满天恒星每晚从地平线升起，经过头顶，然后隐没在反方向的地平线下。夜复一夜，这些相同的恒星轨迹让你认为你就位于恒星运动的中心。但如果你住在南极或北极附近，拿着相机对夜空长期拍照，则会在照片中看到大部分的恒星从不落入地平线下，而是在天幕上画出一道道环绕着某一点的同心圆轨迹，让你不禁怀疑那个圆心地点究竟何德何能，竟能让众星以它为中心而往复奔走。今天我们知道，从天文学的角度看来，这完全是因为地球自转轴线与公转轨道面并不垂直，而是呈23.5度的偏差之故。

另一方面，从天文观测的数据推算，我们也知道今天北斗七星的样貌，与在几万年前大相径庭。这些例子清楚地告诉我们，夜空所呈现的样貌，与我们所处的地点及观测时间息息相关，也影响我们对宇宙整体的想象——我们所设想的宇宙模型显然取决于我们的宇宙观。因此，我们就不难理解当初哥白尼（Nicolaus Copernicus, 1473—1543）提出太阳位居众星环绕中心的日心说所带来的冲击，可称为科学革命的缘故。

在欧洲文艺复兴鼎盛时期之前，西方世界对宇宙的主流思想是以古希腊哲学家柏拉图、亚里士多德所提出的地心说为本：天空上的星体依距离远近，固定在以地球为中心的同心球壳上，这些天球球壳则以不同速度旋转运行。到托勒密（Ptolemy）提出本轮加均轮的周转圆（epicycles）理论来解释行星的逆行现象时集大成。依其解释，逆行行星在圆形均轮上运行，均轮中心的轨迹则为绕地球的本轮，他认为宇宙间所有天体皆以完美的圆形本轮轨道绕地球运行。由于托勒密的模型基本上非常吻合当时的观测数据，哥白尼的理论并无助于解释观测到的天文现象。但哥白尼认为托勒密引入的均轮运动，违背了均匀圆运动的简洁对称，若以太阳为众星绕行中心，则许多天文现象并不需引入复杂的周转圆，就可圆满解释，星体也不再需要固定在大小不等的天球球壳上。哥白尼的日心说大大简化了自古以来用以解释行星运动为主的宇宙模型，他不以地球为宇宙中心的概念也被后人升华成"哥白尼原理"——地球只是众行星的一员，我们在宇宙间的位置并不特殊。

牛顿的绝对空间

文艺复兴后期，人们不断淬炼哥白尼所提出以太阳为中心的行星系统，最终在牛顿手上，以三大运动定律及万有引力理论，将哥白尼系统图像升级为可用数学操作的物理模型。由于牛顿以简洁的物理定律分析世间万象复杂的运动，从数学方程式中提炼出精准而具预测能力的运动解，自此牛顿的机械宇宙观成为风潮，盛行将近250年，被世世代代的物理学家和工程师视为解释物质世界运行颠扑不破的圭臬。

牛顿的三大运动定律是：

牛顿第一定律：任何物体都要保持匀速直线运动或静止状态，直到外力迫使它改变运动状态为止。

牛顿第二定律：物体加速度的大小跟作用力成正比，跟物体的质量成反比，且与物体质量的倒数成正比；加速度的方向跟作用力的方向相同。

牛顿第三定律：相互作用的两个物体之间的作用力和反作

用力总是大小相等，方向相反，作用在同一条直线上。

牛顿将天体运动视为一般的力学问题，与地上的所有运动相同，都受这三项运动定律的规范，因而能以数学描述引力现象，成功解释了开普勒（Johannes Kepler, 1571—1630）早先通过分析大量观测数据而建立起来的著名的三大行星运动定律。

不过，构筑牛顿伟大成就的三大运动定律，并非完全无懈可击。在俗称"惯性定律"的第一运动定律里，牛顿论及不受力物体必保持静止或等速运动。但我们知道，物体的运动都是相对的，那么牛顿所叙述的惯性运动究竟相对于什么参考架构系统呢？牛顿的答案是，那些运动都相对于一个假想的"绝对空间"。牛顿在他的名著《自然哲学的数学原理》中，定义所谓的绝对空间是个"本质与任何外物无关，永远保持相同且静止"状态的刚性空间。此外，他也定义了"绝对时间"的本质是"绝对、真实和数学的时间，稳定流动且与一切外物无关"。由于绝对时空的本质都与所有其他物质的存在无涉，因此牛顿定律虽然规定了处在时空舞台上物体的运动与交互作用，但它们的行为绝不会改变该舞台的结构。

如果将恒星视为亘古不变的物体，那就可用位于遥远恒星上的绝对空间参考架构来描述世间所有的运动。牛顿理解到，只有相对于遥远恒星静止或保持等速运动的"惯性参考系"里的观测者，才能使用他的三项简单物理定律来分析其他物体的运动。假设有个航天员坐在旋转的宇宙飞船里，从舱壁上的窗口向外观望，他将看见遥远的恒星沿着宇宙飞船自旋的相反方向环绕飞船不停地移动。虽然那些恒星以圆周绕转，相对于航天员有加速度存在，但它们并未受到任何外力的作用。因此，旋转的航天员不再能保持惯性运动，他所推导出的第二定律也会受到那相对加速度的影响而掺入一些额外的旋转效应，比起牛顿第二定律的原本形式要复杂许多。

若我们仔细思考就会发现，牛顿陈述其定律的方式，赋予惯性参考系一个非常特殊的位置，他的运动定律只适用于位在那些独特参考架构里的"惯性观测者"。比起其他一般的观测者，只有这些惯性观测者才能看见形式简洁的运动定律，这显然违背了哥白尼原理。如果以恰当的方式陈述，无论观测者的运动状态为何，真正的自然定律应保持一致的形式才对。因此，在自然定律支撑起来的殿堂里，所有观测者都应具备相同的地位，没有哪一个观测者比其他人更优越，能够看见形式更简单的自然定律。就此而论，牛顿的运动定律其实存在着重大瑕疵。

空间几何大不同

牛顿体系下的空间，是对应于可用欧几里得几何（Euclidean geometry）描述的平坦（flat）空间，而且是均质（homogeneous，即各个位置都相同）且均向（isotropic，即各个方向都相同）的均匀空间（uniform space）。欧几里得空间有许多重要的特性，与我们日常生活的几何经验吻合。例如，只有一条直线可通过另一直线外的任一点而与该直线平行；两点之间最短距离的路径（即测地线，geodesic）是条直线；任三条直线相交所形成的三角形，其内角之和为180度，等等。

除了平坦空间外，还有两类均匀空间可用非欧几何（non-Euclidean geometry）来描述，分别是具备正曲率的球面空间（spherical space）与负曲率的双曲空间（hyperbolic space）。相对于曲率为零的平坦空间，这两类空间的曲率半径（curvature radius）分别规范了它们的弯曲程度。在这些弯曲空间里，每一块尺度远小于曲率半径的区域，看起来就和平坦空间没什么两样，可以直接使用欧几里得几何来描述这些局部的空间。也就是说，假如曲率半径远远大于我们平常经验所熟悉的空间尺度时，即使处在这两类弯曲空间里，我们也无法区分它们和欧几里得空间有何不同。譬如，生活在地球表面的人，基本上认为自己位于一个平坦空间中，这完全是因为地球半径远超过人类日常生活经验尺度的缘故。

因此，我们必须知道一些非欧几何的特性，才能够区分平坦空间与弯曲空间不同之处。在正曲率的球面空间里，两点间最短距离的路径并不是直线，而是以球心为圆心所对应出的圆弧，这样的测地线称作"大圆"（great circles）。例如，从台北至旧金山的洲际航线，飞机飞行的路径，基本上就遵循一段大圆航道。此外，在球面上任三点间测地线所形成的封闭三角形，其三个内角和会大于180度。类似的道理，在负曲率的双曲空间里，两点间最短距离的测地线也不是条直线，而是半圆弧；封闭三角形的三个内角和则小于180度。

就空间的范围而论，欧几里得的平坦空间是可无限延伸且无边界限制的"开放"（open）空间。另一方面，球面空间的大小因取决于球的半径，体积受此限制而不会无限延伸。但由于在球面上并无天然的边界划分，因此球面空间可说是个有限无界的"封闭"（closed）空间。形状像马鞍面或甘蓝菜叶面的双曲空间，则类似平坦空间，属于无界无限的"开放"空间。

爱因斯坦的弹性空间

爱因斯坦非常严肃地面对前述牛顿定律的缺陷，而他最伟大的成就之一，就是找到确切描述引力的理论——广义相对论，并以适当的数学方式陈述此自然定律，以确保所有的观测者，不论处在何种运动状态中，都能看到相同的定律。这相当于将哥白尼原理的观点，从规范"我们在宇宙中的地位并无特殊之处"，提升至"所有的物理学家都应发现相同形式的自然定律"。

1907年时，爱因斯坦从"自由落体是个加速的运动状态"的想法中，悟出"重力与加速度无法区分"的等效原理（参见第一章中聂斯特等对广义相对论所作的介绍）。依据此原理，即便是不具质量的光在行进时，也会因引力的作用而偏转。假设我们站在正在太空中笔直加速飞行火箭里的一侧，打开手电筒将光束射向对面舱壁。虽然每秒30万公里的光速非常惊人，但毕竟不是无限大，所以手电筒射出的光束需要一点时间才能到达对面。由于火箭正在加速，当光束射到火箭另一边时，火箭已向上运动了一些，使得光束撞击对面舱壁的位置比手电筒的高度稍低一些。从旁边观察，可发现光束行进的路线有些弯曲。如果火箭的加速度提高到一定的程度，这个光线偏折的效应将会非常明显。由于加速度与重力无法区分，因此引力作用应该会使光线偏折。

爱因斯坦在等效原理的基础上，推论出引力现象其实是弯曲空间的表现。由于物体的质量是造成引力的来源，我们可将爱因斯坦的空间设想成一大张具有弹性的橡皮膜，不同质量的物体会在橡皮膜上造成深浅不一的凹陷；质量愈大的物体，引力场愈强，其周遭空间就弯曲变形得愈严重。在远离一切质量的地方，空间未遭扭曲变形，呈现出平坦的几何特性。无论空间的形状如何，在两点之间运动的物体，就像在加速火箭中行进的光线一样，会行走最短的路径，即沿着测地线移动。粒子在行经大质量物体周边时，由于空间弯曲凹陷得厉害，粒子所实行的最短路径会向凹陷的中心倾侧；从远处看来，整个粒子的运动路径就像被那个大质量物体吸引而发生偏转。因此，粒子运动的轨迹，其实是由空间的形状来决定的。通过这样的理解，爱因斯坦直接将引力视为空间的曲率，不再以牛顿所定义的"力"的概念来规范引力了。

爱因斯坦对引力的几何诠释，与牛顿的作用力概念，确实有本质上的差异。在牛顿的刚性绝对空间里，一颗高速旋转的球并不会影响周遭的空间结构，在附近的观测者也不会感受到任何旋转所引起的效应。但在爱因斯坦的可塑弹性空间里，球的旋转势必扭动其周边的空间，让附近的观测者感受到顺着旋转方向的牵引。此外，质量和运动的效应不仅影响空间的形状，也改变了时间的流速。许多实验都已证实：在引力场里，时钟指针的"滴答"振荡（即计时周期）会受引力影响而变慢，其变化程度与爱因斯坦的预测完全吻合。这个现象也与牛顿不随外物变化的"绝对时间"大相径庭。

由于张量分析（tensor calculus）可让数学方程式在不同的坐标系统里保持一样的形式，爱因斯坦便利用张量这种数学语言，描述不同运动状态下的观测者所一致看见关于空间形状与时间流速的改变，和物质质量与能量分布之间的关系，写下他著名的引力场方程式：

$$G = \kappa T$$

式中的爱因斯坦张量G规范时空几何的变化，能动张量T描述物质质能的重量，而κ则是两者间的比例常数。美国物理学家惠勒（John Wheeler, 1911—2008）对此时空几何变化正比于质能重量的规律有个传神的说法："物质告诉空间如何弯曲，空间告诉物质如何运动。"对于爱因斯坦而言，此引力场方程式完整呈现了哥白尼原理的精髓，涵盖所有不同运动状态的观测者，将引力的自然定律推广到宇宙的每个角落中。

看似不存在的宇宙常数

　　原则上，若我们知道物质的质能在宇宙间的分布状况，通过运作爱因斯坦的场方程式，就能够得知宇宙时空几何的变化。因此，每个爱因斯坦场方程式的解，都描述一个特定宇宙时空的演变。从此，广义相对论正式开启了科学宇宙学的研究，爱因斯坦本人也在1917年2月8日宣布了全球第一个宇宙模型。

　　由于爱因斯坦的场方程式允许众多可能数学解的存在，而我们眼前却只有一个宇宙，因此物理上的考虑与假设在建构合理的宇宙模型时，便扮演了非常重要的角色。爱因斯坦在面对此问题时陷入深思：如果允许宇宙的范围无边无际，他实在无法确定他的场方程式是否还能够在无限远的地方正确规范宇宙的行为；反之，如果宇宙的大小有限，他又必须小心避开空间的"边缘"，别让宇宙时空堕入万劫不复的深渊之中。

　　为了免除"无限空间"这个概念所带来的困扰，爱因斯坦直接假设我们的宇宙空间拥有正曲率，即一个如球面般有限无界的空间。此外，为了简化复杂的场方程式，他更假设宇宙具有极高的对称性，即所谓的宇宙学原理（cosmological principle）——平均而言，宇宙在各地方与各方向上看来都相同，即空间整体是均质且均向的。这其实是哥白尼原理在宇宙学上的具体展现。不幸的是，爱因斯坦没法找到一个稳定的静态宇宙解，所有可能的世界空间都会随时间膨胀或收缩。这与20世纪初因尚未观测到遥远天体的运动，而让人们普遍笃信宇宙静止不动的想法大相径庭。

最终，爱因斯坦采取了一个大胆的想法以突破此困境。牛顿的万有引力理论告诉我们：两质量间的引力会促使它们朝彼此加速运动。在广义相对论的计算中，也有类似加速效应。为了移除这个加速度，爱因斯坦在他的场方程式里引入一个似乎不存在于自然界的"宇宙常数"（cosmological constant）项，代表能够平衡引力加速度的斥力。由于宇宙常数的排斥效应与质量间的距离成反比，这意味着当宇宙的大小达到某个特定尺度时，万有引力将与万有斥力相消，而得到一个既不膨胀也不收缩的有限空间，这就是爱因斯坦有限无界、封闭的静态球面宇宙模型。

虽然在十几年后，因发现宇宙膨胀的证据而让爱因斯坦懊恼地认定，引入宇宙常数是他此生最大的失策，但宇宙常数并未就此消失，反而像幽灵般不断在宇宙学研究的舞台上萦绕不去，直至今日。1998年年底，两个宇宙学团队从超新星的亮度与距离的关系中，推定我们的宇宙正在加速膨胀，再度凸显宇宙常数的重要性。除了引力场方程式外，引入宇宙常数的划时代创举，恐怕是爱因斯坦对宇宙学社群最伟大的贡献。

光的红移：德西特效应

昂首仰望无尽苍穹，似锦繁星的引力效应，让爱因斯坦如杞人般心忧天坠，进而引入宇宙常数以拯救天地。面对同样的夜空，荷兰天文学家德西特（Willem de Sitter, 1872—1934）却似乎总看见月朗星稀的景况：他认为空间中所包含的物质密度极低，我们大可将宇宙整体视为不含物质的真空状态，而在一个欠缺物质可供标识的空间，宇宙自然是静止不动的。

由于德西特的宇宙模型也包含了宇宙常数，因此产生两项非常奇特的效应。首先，没有万有引力的牵制，宇宙常数的排斥效应将驱动空间急剧膨胀。由于宇宙常数不随时间演化，始终保持固定的排斥强度，空间中又缺乏物质可改变此膨胀趋势，德西特的静态宇宙其实是个空间会持续急速膨胀的"稳态"（steady state）宇宙。

此外，1917年的德西特宇宙解并不是个均匀的弯曲空间，而是拥有视界（horizon）的非均质（inhomogeneous）空间：位于宇宙中心的观测者，基本上无法看见发生于曲率半径之外的任何事件。由于电磁波借着在空间中固定频率的振荡向各处传播，空间的膨胀必然拉伸电磁波的波长，使得遥远的星光在抵达宇宙中心时的波长，会大于发射初时的波长。这个光波红移的现象，被称为"德西特效应"。经德西特计算发现：红移与距离的平方成正比关系，即距离较近的恒星所传送的星光红移量较小，而较远处恒星所发射的星光则拥有较大的红移。德西特认为，若天文观测能够确认这种因空间膨胀所造成的红移效应，我们就能区分出宇宙究竟是只含物质而无空间膨胀的爱因斯坦静态宇宙，还是物质匮乏但空间会膨胀的德西特稳态宇宙了。

事实上，在德西特发表其宇宙模型的前一年，美国天文学家斯立福（Vesto Slipher, 1875—1969）便已从当年被误认为星云（nabule）的螺旋星系光谱中，发现了大部分的星系都呈现出红移的现象。但由于斯立福未能测定那些天体的距离，德西特并不愿就此推断其模型的正确性，仍继续推动观测方面的研究，甚至在1919年至1934年间，担任莱顿天文台（Leiden Observatory）台长。德西特联结天文观测与理论分析的努力，促成许多天文学家与物理学家在20世纪20年代相继投入宇宙学研究，将宇宙学的典范，逐渐从静态空间移向膨胀空间，为大爆炸宇宙模型奠定扎实根基。

弗里德曼的宇宙演化论

　　20世纪20年代，在远离欧洲心脏地带的苏联，年轻的气象学家弗里德曼（Alexander Friedmann, 1888—1925）在精熟了广义相对论背后的数学技巧后，展开自己的宇宙学研究。他首先察觉爱因斯坦1917年论文里的数学推导曾发生错误，因此指出爱因斯坦和德西特的宇宙解都只是场方程式的不稳定特殊解，基本上并没有在场方程式中引入宇宙常数的必要。然后在忽略宇宙常数的贡献下，弗里德曼先在1922年找到一组正曲率的封闭宇宙通解，描述宇宙在过去某个时刻从一个点开始膨胀，直到某个最大半径后，由于空间中所含物质的密度过高，在引力作用下转向坍塌，回到原点。1924年时，弗里德曼又发表另一番负曲率的开放宇宙通解，仍旧描述宇宙从过去某个时刻的一个点开始膨胀，但由于空间中所含物质的密度太低，以至于引力不足以逆转膨胀趋势，导致宇宙永久膨胀下去。

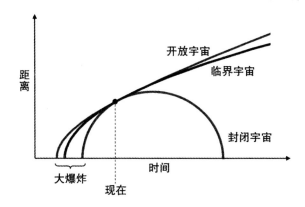

图 2-1 弗里德曼宇宙模型中三种空间膨胀随时间演化的关系
纵轴代表星系间的平均距离，横轴代表宇宙时间。三条曲线
由上到下分别是开放的减速膨胀宇宙、平坦的临界膨胀宇
宙，以及膨胀但终将坍塌的封闭宇宙。三种宇宙模型皆起源
于大爆炸，而今天的宇宙则位于三种膨胀曲线的交会点上，
预示大爆炸宇宙模型具有平坦性问题。

  弗里德曼得到两种不同类型的宇宙，显示广义相对论容许空间膨胀
的可能性。虽然弗里德曼只把建构宇宙模型当作数学问题来处理，对于
宇宙膨胀的起点并未过多着墨，但终究打破了静态的宇宙观，让包含普通
物质的空间得以与时俱进，而弗里德曼所导出的宇宙方程式也成为后人学
习宇宙学的入门基础。

膨胀的宇宙与创世纪

比利时的神父勒梅特可能是那一代宇宙学研究者中，除了爱因斯坦外最杰出的物理学家。他总能利用最简单的方法处理物理问题，并得到最关键的解答。在不知道弗里德曼宇宙解的状况下，勒梅特在1927年提出一篇关于爱因斯坦理论所容许的最简单宇宙的完整论文。除了普通物质和宇宙常数，勒梅特的模型首次将辐射压力考虑进来；在得出空间膨胀的解后，进一步以多普勒效应（Doppler effect）因光源与观测者相对退离运动所造成的红移，来解释德西特效应，并超越德西特的构想，在满足宇宙学原理的状况下，导出星系后退速度与距离成正比的正确线性关系——那正是两年后才问世的哈勃定律。

哈勃观测遥远星系的红移，并利用各星系里所包含造父变星（Cepheid Variable stars）之亮度变化周期来决定星系的距离，在链接速度与红移的经验公式后，于1929年发表星系后退速度与距离成线性正比的定律。哈勃从未以他的观测数据支持任何特定的理论模型，他将星系的速度当作表象的视速度（apparent velocity），并开放定律的诠释权，自己不做任何物理评断。哈勃在此事所采取的态度，让他错失了发现宇宙膨胀的桂冠。

其实，多普勒效应并不能正确解释空间膨胀。膨胀红移纯粹是因空间扩张展延了光波波长所造成的结果：星系静止于其位置上，并未实际穿越空间运动。星系间距的变化是由空间拖着星系膨胀所导致的图像，乍看之下似乎与多普勒效应中，波源与观测者因相对运动所造成的红移雷同。事实上，从哈勃的红移——距离定律，经红移——速度的关系而推断出退离速度正比于距离的结论，只适用于小范围内的局部宇宙。因此，若以多普勒效应来解释空间整体的膨胀，会立刻陷入两种无法自圆其说的困境。首先，根据哈勃定律，具有红移大于1（对应于所谓的"哈勃距离"）性质的天体，应该以大于光速的速率运动，但这明显违反了狭义相对论对物质运动的规范。其次，我们理应看不见那些实际运动速度超越光速的天体，因此哈勃距离恰好标示出我们视界的大小。于是，地球又成为宇宙的中心——若哥白尼地下有知，必死不瞑目。由于我们对爆炸的概念，符合物质系统以起爆点为中心，向四面八方喷溅的印象，因此将"big bang"翻译成"大爆炸"并不恰当。

在1931年，勒梅特尝试结合当时正方兴未艾的量子理论概念，更进一步推测宇宙在有限的过去某个时刻，起源于一个太初原子（primeval atom），这项主张成为今日宇宙大爆炸的前身。因此，勒梅特的模型描述一个有限年龄的宇宙，从一个高温致密的起点创生，初期由于引力作用的关系，导致空间减速膨胀，但随着宇宙常数逐渐取得主导地位，空间开始转为加速膨胀。勒梅特宇宙具有正曲率，但因其所选择的宇宙常数值略大于爱因斯坦的宇宙常数，所以该宇宙的空间会持续膨胀下去，没有终点。

目前看来，勒梅特的宇宙最符合今日我们宇宙空间的膨胀历史：我们的宇宙从137亿年前开始膨胀，并在大约45亿年前过渡至加速膨胀的阶段。唯一与现在观测数据抵触的宇宙性质，大概只有空间几何的曲率了。

空间膨胀的标准模型？

　　爱因斯坦在听闻哈勃的观测结果后，立即丢弃了他素来不甚喜欢的宇宙常数项。1932年早春，他与德西特共同发表了一篇只有两页的简短论文：若将空间曲率、宇宙常数及物质压力都设为零，场方程式将产生一个发轫于过去某时刻且永恒膨胀的平坦空间。往后几个时期的宇宙学家，将此简单无比的爱因斯坦—德西特宇宙奉为描述整体空间膨胀的最佳模型，长达60年之久。

　　爱因斯坦—德西特宇宙可归类为平坦的弗里德曼宇宙。事实上，这款宇宙模型类似爱因斯坦的静态宇宙，本身是个不稳定的数学解：假如空间的曲率不是恰巧为零，即使只是或多或少地比零差了一丁点，将导致空间膨胀逐渐脱离爱因斯坦—德西特模型的演化路径，朝向更剧烈的失控膨胀，或减速反转成为坍塌收缩的宇宙。今天的宇宙以如此特定的速率膨胀，代表宇宙存在的时间还不够久远，不足以充分发展其不稳定性。有鉴于我们宇宙的年龄已将近140亿年，尚且无法充分发展不稳定性，显然宇宙于发轫之初，便已处在非常接近爱因斯坦—德西特膨胀的状态，这需要精准调校（fine tuning）宇宙的初始条件才办得到。这项特性凸显出平坦的弗里德曼宇宙模型无法回避却又异于常理的性质，因此被宇宙学家称作"平坦性问题"（flatness problem），成为日后宇宙暴胀学说的起因之一。

对宇宙大爆炸的发现

继勒梅特提出宇宙滥觞于"太初原子"的大胆构想后，离开苏联至美国发展的物理学家伽莫（George Gamow, 1904—1968）也认为，宇宙会自太初极度致密与高温的状态开始膨胀冷却。在那种极端的条件下，所有的物质都只以质子、中子与电子的形式存在，并且浸泡在如大洋般的高能辐射里，就像一锅炽热稠密的太初原汤。在刚开始膨胀的头几分钟内，宇宙可视为一场超大型的核物理实验，通过粒子持续捕捉中子建构出所有元素，各式各样的物质都可从这锅混沌的原汤中烹煮出来。

1948年夏天，伽莫证明了在宇宙年龄只有100秒时，质子可与中子结合形成氢的同位素——氘。伽莫的学生阿尔法（Ralph Alpher, 1921—2007）以及赫尔曼（Robert Herman, 1914—1997）则继续发展伽莫的构想，更深入探索太初核子作用，希望能建构出宇宙的热历史。他们首先推导出在均匀膨胀的环境下，物质密度正比于任何热辐射温度的立方。这代表他们能够决定在宇宙开始两分钟后、温度为10亿摄氏度时，物质密度与辐射温度的正确比例，以避免产生过量的氦而与现今的观测结果抵触。在获得这个固定的比值后，再将今天观测到的物质密度代入计算，就可推知现在的辐射温度是多少。经他们估计得到目前宇宙的温度大约是绝对温度5K。这项预测可说是科学史上最重要的里程碑之一，它提供天文学家一个测试大爆炸理论的方法——假如宇宙果真发轫于一个高温的过去，我们应能够观测到这大爆炸的余晖辐射！

伽莫等人的论文发表17年后，美国两位顶尖的电波工程师潘奇亚斯（Arno Penzias, 1933—）与威尔逊（Robert Wilson, 1936—）在新泽西州霍姆德尔镇的贝尔实验室维修一座角型天线时，终于发现了伽莫师生们所预测的大爆炸余晖辐射。他们当时所侦测到的辐射噪声，拥有7.35厘米的波长，相当于温度3.5K的热辐射，因此称之为宇宙微波背景（Cosmic Microwave Background, CMB）辐射。

潘奇亚斯与威尔逊的发现是我们理解宇宙的转折点，它大大增添了我们对爱因斯坦方程式预测宇宙行为的信心。弗里德曼与勒梅特最简单的膨胀宇宙模型，可告诉我们任何时刻的宇宙温度。有了这项简单的信息，物理学家便能够预测宇宙从最初几秒钟膨胀至今的一系列事件。我们或许无法确切知晓曾经发生过的每个单一事件，但确实可以据此建立起一幅大致公允的演化图像，描绘温度与密度如何随空间膨胀变化、核子反应发生的时间与顺序，以及原子与分子形成的时程。

大爆炸理论另一项重大的预言是宇宙里氢与氦的丰度比例。在宇宙年龄小于1秒钟、温度高于100亿摄氏度时，弱相互作用（weak nuclear force）的作用会维持质子与中子数目相等。由于中子的质量稍大于质子，在膨胀开始1秒钟后，当宇宙温度降到100亿摄氏度以下时，这建构中子所需的额外些微能量，将导致质子的数目开始稍稍超过中子的数目。不过，由于中子与质子间关键的弱相互作用速率太低，无法赶上空间的膨胀速率，因此它们彼此间数量不均衡的比例并未扩大，约维持在1比6左右。

在膨胀开始后大约100秒时，温度降低到1亿摄氏度，核子反应突然进行起来。由于自由中子很容易衰变，此刻中子与质子的数量比已略降至1比7。几乎所有幸存的中子都立刻与其他粒子结合形成氦−4原子核，只留下少数的氘、氦−3与锂。从此，宇宙里的核子物质有大约25%的氦−4，75%的氢，以及极少量的氘同位素、氦−3与锂−7。这些元素的丰度比例，正是我们今天在银河系与其他星系里所观测到的数值。因此，天文观测再一次确证了大爆炸宇宙模型。

大爆炸宇宙仍有后遗症

　　由于宇宙整体的空间广阔，演化的时间久远，因此精密的宇宙学观测通常要求的技术门槛颇高。例如，理论预测宇宙微波背景（CMB）的平均温度大约是2.7K，也就是略低于零下270摄氏度，可以想象测量宇宙的背景温度是一件多么艰巨的任务，更别提测量背景温度的变化了。不过，在20世纪60年代晚期，普林斯顿的物理学家却发现一个可精准测量背景辐射温度差的聪明方法：只要找出背景辐射强度的改变，并与侦测器的灵敏度比较，就能精准测定背景温度的变化，而不需实际测量温度的值。利用这个方法，他们测出天空中两个方向间的温度差低于1%。这代表背景辐射具备极不寻常的高均向性，而且宇宙里并不存在可扭曲空间膨胀的巨型物质团块。

　　在发现背景辐射的极高均向性后，宇宙学家开始将宇宙背景的平滑性与近乎完美的均向膨胀，视为难以理解的神秘问题。毕竟，在爱因斯坦场方程式众多的数学解中，只有少数满足宇宙学原理。因此，假如我们要从其中拣选出如此完美均匀的宇宙，概率必然不高。那么该如何解释我们在辐射背景上观测到的高度平滑和均向性呢？这项难解的疑惑被称为大爆炸宇宙学的"均匀性问题"（smoothness problem）。

由于物理信息以固定的有限光速传播，这一事实也指出广阔宇宙的另一项奇异特性。当宇宙年龄为1秒时，光波所能传递的距离是30万公里。从观测者的角度来说，这代表膨胀开始1秒钟后，宇宙视界的大小涵盖半径约15万公里的范畴，其中包含大约10万个太阳质量的物质。因此，在大爆炸后10秒钟，视界只涵盖150万公里的距离，光波也只能影响大约100万个太阳质量左右的物质。但我们实际观测到宇宙的均匀范畴约是此数值的1 015倍。

假如我们仰望相隔2度角以上的两块天区，宇宙的年龄并不足以长到可让光波在这两块区域间自由穿梭，因此两者无法互通能量，没有机会达到平衡，温度也就不可能一致。但我们已知整个天空涵盖了一层无比均匀的宇宙微波背景，显示理论计算所得的视界距离违反了天文观测的结果，这就是所谓的宇宙"视界问题"（horizon problem）。

此外，物理学家对于"大统一理论"（Grand Unified Theory）的信念，也为宇宙带来前所未见的新问题：当电磁作用力在早期宇宙统一浮现时，必伴随产生大量的磁单极（magnetic monopole）——那是狄拉克在1931年时所预测存在且具有超大质量的一种新粒子。磁单极只在与其反粒子碰撞时，才会被消灭。不幸的是，磁单极一旦形成，极少有机会遭遇反磁单极，因此宇宙里应该充满了这种奇怪的粒子。由于磁单极对宇宙密度的贡献，大约是全部恒星与星系总和的1 026倍，这样的宇宙不可能存在140亿年这么久而不崩塌，也不可能会有读者在这里阅读此文章。这个新粒子所带来的超级大灾难，就是宇宙的"磁单极问题"（monopole problem）。

　　大爆炸宇宙模型虽然能够成功解释天文学家所观测到的星系退离、微波背景，以及99%以上的元素丰度等现象，但它至少留下了上述的三大问题，以及早先提到的"平坦性问题"等困惑，亟待解决。这提供了各种关于早期宇宙学说兴起的契机。

古斯的暴胀宇宙

　　现任教于美国麻省理工学院的物理学家古斯（Alan Guth, 1947—），20世纪80年代初期在斯坦福直线加速器中心（Stanford Linear Accelerator Center）担任博士后研究员时，为了解决磁单极问题而提出了暴胀宇宙（Inflationary Universe）的概念。古斯认为，早在磁单极产生前，甚至在物质与反物质对称性破坏之前的早期宇宙，曾有过一段极短暂的暴胀时期，空间在此阶段急剧地加速扩张。

　　古斯的构想非比寻常。我们知道德西特的真空宇宙总是处于加速膨胀的状态，从过去到恒久的未来，空间扩张从不止息。我们也知道，像勒梅特所提出的宇宙模型，初期的减速膨胀会在宇宙常数的排斥效应超越万有引力时，逐渐转为加速扩张。这些宇宙都有一个特点：空间一旦开始加速，便不再停歇。从没有人曾建构出在短暂加速后，转变成减速膨胀的宇宙模型。

　　古斯找到一个可提供短暂排斥引力的能量来源——纯量场（scalar fields）。这种形式的能量变化缓慢，远不及宇宙的扩张速率，因此而产生如宇宙常数般的万有斥力，对空间施加负压力或张力。但和宇宙常数不同的是，这种排斥效应是暂时的，纯量场迟早会衰变成为普通的辐射，或其他只能施加正压力或万有引力的基本粒子。所以，如果在非常早期的宇宙里曾存在这种可提供正确斥力形态的物质，它便能在衰变成一般的物质及辐射前，短暂地驱动宇宙加速膨胀。

宇宙短暂的暴胀，提供给我们一个自然的机制，可一并解释"平坦性问题""均匀性问题"及"视界问题"。在宇宙刚诞生不久，空间便疾速膨胀，其扩张的速率远远超过大爆炸。于是，空间在极短的时间内，膨胀到超乎想象的程度。若将空间当成膨胀的气球表面，由于气球实在胀得太大，使得观测者只能看到平坦的表面，空间原本的弯曲程度早已无关紧要，也无法回溯。同时，在暴胀过程中，空间变得非常平滑，在各方向上即便存在若干差异，也会因空间的胀大而逐渐弭平。此外，由于空间膨胀速率远超过光速，原本互不接触的区域，早就被急剧膨胀的空间涵括在同一个视界范围内，因此热平衡可轻易建立，造就宇宙微波背景上处处均一的温度。

"磁单极问题"也可在暴胀宇宙里迎刃而解。根据大统一理论，磁单极形成时的密度大约是每哈勃距离内含有一颗磁单极粒子。宇宙暴胀时，急剧胀大的空间将每个磁单极的间距拉长到远超过一个哈勃距离以上，有效降低了可观测宇宙里的磁单极密度，拯救宇宙免于磁单极称霸所造成的大灾难。

不过暴胀有个难以承受的副作用：空间膨胀也会稀释大爆炸原本的

能量，因此暴胀会造成宇宙温度急速降低。为了让宇宙在暴胀后回归大爆炸的演化路径，通常物理学家假设在暴胀结束后，宇宙会经历一段再热化（reheating）的过程，将温度升高，以利后续的发展。目前，我们并没有标准理论可检视再热化的过程细节，它仍是宇宙学家积极研究的对象。

宇宙暴胀虽可轻易解决前述那些大爆炸模型所留下来的难解的奥秘，但这充其量只是事后诸葛亮，有点先射箭再画靶的味道。对宇宙学家而言，暴胀最重要的功用，其实是它给了我们一个自然的机制，来解释大尺度结构（large scale structures）的形成原因。

量子起伏与宇宙微波

量子起伏（quantum fluctuations）在探讨宇宙本质及大尺度结构的形成上，扮演了非常重要的角色。我们可以将它分成两个部分来讨论："量子"与"起伏"。试想一个完全均匀、没有瑕疵的能量分布，即使处在宇宙膨胀的状态下，也不会产生任何结构。所以我们必须先在宇宙中播撒一些种子来破坏这种对称，才可能产生结构。这个动作的关键就在"起伏"。可是，使用与量子效应相对的古典起伏（classical fluctuations）不行吗？量子起伏和古典起伏究竟有何不同？那就要看是哪一种起伏，可以成功地解释潜藏在CMB里的微弱信息。

暴胀造成宇宙快速膨胀，空间里所包含的一切物质结构就像磁单极一样，都被稀释到几乎真空的状态。可是今天的宇宙却充满着星系和大尺度结构。那么，几乎真空的宇宙是如何演化出目前多彩多姿的样貌呢？就像倾盆大雨后所留下的小池塘一样，假以时日便慢慢有鱼出现，我们会好奇鱼是怎么来的？同样的，形成今日宇宙里大尺度结构的"种子"究竟是什么？这包含了两个问题：种子从何而来？演化的过程又是什么？

再以平静的池塘为例。塘内水面平滑如镜，若丢入一颗小石头激起了波澜，但过一阵子后，水面依旧趋于平静，并不会因此而形成大型旋涡或水柱。宇宙也是如此，即便早期宇宙里有一些能量的扰动或起伏，也未必会形成大尺度结构。当暴胀结束后，再热化过程产生了物质能量，那么一开始的能量涟漪从何而来？倘若是一般的统计误差，譬如热平衡系统的温度起伏，那这些能量起伏是否足以演化成今日的大尺度结构呢？或者一开始的能量起伏，是由不同机制所产生的吗？若真如此，它们的特性可以和热系统的温度起伏区隔吗？如果宇宙里没有任何起伏，那么今日大尺度结构的种子从哪里来？若宇宙里充满了能量起伏，那又如何产生这种能量起伏呢？关键就是暴胀场所产生的量子起伏，即暴胀起伏（inflation fluctuations）。

可是我们要如何得知这些曾经发生过的事呢？若把宇宙比喻为一个池塘，CMB 就相当于淹满池塘的水，而水面的波纹便是清风吹拂的记忆。因此，在早期宇宙中曾经发生过大大小小的事件，都被忠实地记录在CMB里。就如同天文学家从恒星光谱探索星体的结构与发展一样，宇宙学家则从CMB的频谱里搜寻宇宙发生过的事。

我们可从CMB的数据里得知，早期宇宙的能量分布就像充满杂乱小水波的池塘。可是这些细微的起伏又有很特别的特征。如果做频谱分析，我们会发现宇宙在不同频段的行为都是一样的。简单地说，驱动暴胀的纯量场具有量子起伏，导致宇宙里每个区域结束暴胀的时间不一致。由于这些区块在宇宙早期是彼此没联系的，而暴胀结束的时间不同，会造成下一个阶段"再热化"的启动时间不同，所以就造成了不同区块的温度略有差异。先结束暴胀的区块使得再热化过程也提早结束，进而启动后续的膨胀降温程序，导致温度降低一些。同理，晚结束暴胀的区块，温度就相对高一些。由于这种进入下一阶段的初始条件并无规律可循，自然造成每个区块的温度起伏，也就解释了CMB上温度的起伏现象。

但是，因为引力和空间膨胀的影响，量子起伏所造成的现象远比我们所想象的要复杂许多。不同时期的宇宙，由于组成与膨胀速率不同，也会在CMB里造成不同的纪录。简单分类的话，暴胀起伏会造成物质能量密度及空间的扰动（即引力波）。比较特别的是，引力波的信号不受环境干扰，可以一直持续至今。另一方面，从物质的分布来看，量子起伏如同一般光波或声波可被解析成很多不同频率的振荡模式一样，也可以被解构成不同频率的波动。因为物质大致上均匀分布在空间中，此时空间的急剧膨胀改变了物质的分布，也延展了所有频率的量子起伏。但当那些低频扰动的尺度超过视界距离后，它们就好像被冻结起来一样，不再继续振荡。这其实不难理解：因为视界的大小约等于光从宇宙创生之后所走的距离，我们可以把视界的大小，当成可传递信息的最大范围。

因此，当低频暴胀起伏的波长远大于视界的大小时，代表在这波动所及的范围内，不同部位之间的物质彼此没有联系，自然无法协调一致地振荡。由于物质能量的分布会随宇宙膨胀而变动，因此虽然暴胀扰动的波长和视界涵盖的范畴都会随时间胀大，但是彼此改变的速率也会随不同的宇宙演化阶段而互有消长。在暴胀时期，长波长的量子起伏会急剧展延，迅速穿越视界而被冻结起来。可是之后的演化阶段，视界范围的增长比这些被冻结的起伏还快。于是，这些尺度原本超越视界的暴胀起伏，就再度跨入可观测宇宙的范围内，形同被解冻释放，如大梦初醒般复苏活跃起来，顺势成为扰动物质分布的源头，造就了一连串的太初声波（primordial sound waves）。

由于原本留在视界内的物质已演化成不同状态，因此在受到暴胀起伏干扰时，会形成不同频率的振荡。当早期宇宙仍处于物质匮乏的辐射主控（radiation-dominated）年代时，复苏的暴胀起伏没能造成明显的声波。但在进入物质主控（matter-dominated）的阶段后，宇宙产生了愈来愈多的物质，加上光与各物质正负离子间的交互作用，便形成了一个早期的等离子系统。于是，在不同时间重返视界的暴胀起伏，便在各频率上造成不同的声波振荡，也在太初等离子里引起不同振幅的温度起伏，而这些特殊的波动，全都记录在CMB里。今天，这个拥有特殊振荡样貌的CMB异向性功率谱已被侦测到。由于其他关于宇宙大尺度结构形成的理论，都无法在CMB上产生像这样特殊的振荡功率谱，因此这功率谱自然成为验明暴胀理论的证据之一。

另外值得一提的是，如果我们将整个宇宙视为一个超级共振腔，那么不同频率的太初声波，就可对应到此超级乐器所发出的各式声音。由于两点间的距离长度取决于不同弯曲形态的几何特性，因此在CMB功率谱上，最低频基音（也就是以全宇宙的视界距离作为来回完整振荡一周的最大驻波）的波峰位置，就可直接反映出空间的弯曲形态，进而揭露空间的曲率常数值。因此，在大爆炸模型经历了将近一世纪的发展后，我们终于在威金森微波异向性探测者号（Wilkinson Microwave Anisotropy Probe, 即WMAP）所侦测到的CMB功率谱中，首度确认了大尺度的宇宙是可以用欧几里得几何描述的平坦空间。

此特殊振荡形态的功率谱，除了作为暴胀学说的明证外，理论所预测第一个波峰的位置和宇宙的曲率常数有关。对此功率谱的数据分析指出：我们宇宙的曲率常数等于零，代表欧几里得的平坦空间可描述大尺度宇宙空间的几何特性。

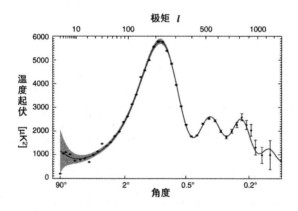

图 2-2　WMAP数据所绘出的CMB异向性功率谱

在此必须对为何不使用古典起伏稍加说明。如果宇宙一开始是没有能量起伏的，在产生物质之后，借由与辐射之间的交互作用，建立起热平衡，成为一般具有温度起伏的热平衡系统。但是这种能量起伏就没办法用来解释宇宙背景辐射所观测到的声波现象。暴胀的量子起伏，被宇宙膨胀拉长，超越视界后遭到冻结，之后再解冻，并对后来的宇宙内含物产生一些宇宙声波效应，也被记录到CMB上。这么精致的物理机制，也可以解释观测到的数据，不得不令人更信服该理论的正确性。

在暴胀理论出现前，宇宙学家也曾设想，利用早期由大爆炸所产生的热系统能量起伏作为大尺度结构的种子。可惜经计算之后发现，那不可能产生今天的宇宙物质结构。暴胀理论有一项很重要的预测，就是它能满足宇宙太初能量起伏的初始条件。这让宇宙暴胀成为目前解释结构形成的最佳理论。另一项暴胀的重要预言，则是引力波所产生的效应。太初引力波的侦测，不仅可以确认暴胀理论的正确性，更是爱因斯坦广义相对论的最后一块拼图。

空间扰动的波澜：引力波

回想我们之前将空间设想成一大张具有弹性的橡皮膜，由于橡皮膜受到扰动会产生波动，因此当空间受到扰动时也会产生波澜，那就是引力波。简单地说，引力波就是空间随着时间而产生伸张、变形；实际效应就是当两个人静止不动时，若有一引力波于此刻通过，他们之间的距离会随着时间改变，来回振荡。可是引力波是如何产生的？又为什么会产生呢？

广义相对论的精义在于"空间告诉物质如何运动，而物质告诉空间如何扭曲"。我们可以想象物质与空间的关系就像是很多小球落在一有弹性的橡皮膜上，橡皮膜可能自己抖动，也可能因为小球的运动而被迫抖动。这种模拟可以用来理解空间几何的两种可能变化：一种是空间自发性的变动，另一种则是因为物质能量起伏牵动空间的扰动。因此，我们可以想象除了早期宇宙空间自发性的波动外，脉冲双星（Pulsar binary）运动、超新星爆炸或黑洞相撞等，按爱因斯坦的理论来预测都应该造成空间的剧烈变动，产生引力波。回归到远古时期的宇宙，暴胀不仅会造成能量密度的起伏，同时也会制造出引力波。太初时期的引力波就是由暴胀机制产生的。

由于空间的弹性系数非常巨大，因此振荡起来的波幅极小，直接测量引力波便成了一件异常艰难的工作，测量仪器也一直在持续改进中。因为引力波实在太微弱，所以测量仪器的信噪比很重要。就像是要收听信号微弱的电台频道，常常因为背景噪声过于嘈杂而无法分辨，引力波的测量也有相同的困扰。所以，降噪一直是引力波探测仪的一个研究重点。除了直接测量之外，我们也可以寻找引力波在宇宙中所留下的迹证。这好比观测一片干涸的地面，地形的结构可以告诉我们河流曾经存在的证据。在台湾西海岸的沙滩，每当退潮后，沙滩上遗留下来的潮汐痕迹就是一例。同理，引力波拉扯着空间，造成宇宙背景辐射与其中的粒子运动受到影响，进一步地影响到电磁辐射与电子间的交互作用。基本上，引力波造成空间的拉扯，在其间的背景辐射密度也跟着有所变动。如果把电子当成探测器，那电子就会看到本来是温度均匀的背景，因为引力波通过，而测到某个方向的温度变高（空间被压缩）。相反地，在另一个方向上温度就会降低（空间被拉扯）。当电子再辐射光时，就会把看到的信息反映在辐射里。这些辐射会混在宇宙微波背景中，形成可观测的迹证，也就是CMB上的特殊B模态图案。

南极观测：对太初引力波的测量

　　就像电磁波有偏振的行为一样，引力波也有偏振。可是我们一般在宇宙学上讲的引力波所造成的E模态偏振和B模态偏振，并不是指单一引力波的偏振图案，而是以观测绘图上模拟电场线和磁场线的形状来取名的。我们实际上观测到的，还是宇宙背景辐射跟自由电子作用后的结果。电磁辐射的电场来回振荡，带动了电子在同方向振荡，然后辐射出那个方向的偏振光。这种交互作用就像是一种偏振的机制。而引力波经过时，因为空间被压缩或拉扯，造成空间变小或变大，导致光子密度改变，也就产生了温度高、低的落差。这种不同方向的温度落差被自由电子"看到"，因应作用后产生新的偏振光，在今日抵达地球时让我们观测到。将数据画成图后，即可见到B模态的偏振。可是这种偏振并不容易观测到，因为由引力透镜（gravitational lensing）在物质能量分布上所引起的E模态效应，要比B模态大许多。可是能量密度起伏并不会产生B模态的偏振，引力波才会。这帮助了我们区分数据，来判断是否有太初引力波存在。所以，即使B模态很难侦测到，不过一旦测到之后，若能排除其他成因，便能说确实量到太初引力波在CMB上所留下的效应。不幸的是，星尘也会造成B模态的偏振，所以观测并找出星尘的分布与效应，并想办法去除这个污染就变得非常重要。

2014年3月，在南极观测的BICEP2团队召开了记者会，宣称观测到在CMB里的引力波信号，指的就是这一种B模态偏振。该消息震惊了物理界，所有的宇宙学者都感到非常兴奋。想到人类在宇宙中是那么的微不足道，可是竟然可以经由数学、物理去了解整个宇宙，真是件不可思议的事。想象一下，那种情景就像是我们人体内的病毒，经由科学分析可以了解我们人体的结构，并了解我们的一生一样，甚至有过之而无不及！

可惜这种兴奋之情并没有维持太久。就像其他重大的科学发现一样，事情总是没有那么顺利。2015年1月，负责观测全天空宇宙微波背景辐射的普朗克团队发布了他们的观测数据，显示星尘的效应比想象中来得大，而BICEP2的结果并没有严谨地去除星尘效应。虽然两个团队所测量的频段略有不同，但BICEP2所观测的是某个特定角度的数据，而普朗克团队所测的则是全天空的数据。不管如何，至少我们并不能肯定地说BICEP2的观测结果的确证明观测到太初引力波。现在争论已经尘埃落定，BICEP2的结果看来应该是由星尘造成的。说不定观测的结果混杂了引力波和星尘的共同效应，但这是科学，不能仅凭猜测，必须很严谨地反复检验。但BICEP2的观测精准度比其他团队来得精准也是不争的事实，或许在不久的将来，下一阶段的观测可获得重大的发现。

事实上在2014年时，全球物理学界普遍期待美国的激光干涉仪引力波天文台（Laser Interferometer Gravitational-Wave Observatory，简称LIGO）的升级计划，希望能在未来五到十年内直接捕获引力波的信号。虽然如此，BICEP2这令人沮丧的结果还是让一些宇宙学者开始认真思考最坏的可能情况：当仪器精密度改善之后，如果我们还是找不到引力波信号的话，那代表什么意义呢？宇宙早期是否真的经历过一段急剧扩张的暴胀时期吗？我们是否准备好因应没有引力波存在的宇宙？更基本的问题是——我们该如何看待广义相对论呢？

正当宇宙学家们竭尽全力认真思考以上这些可能性时，令人振奋的消息迅即到来。2016年2月11日，LIGO团队发表了他们最新的观测结果，宣布LIGO的两个观测站首次直接侦测到由太空深处一对黑洞合并所发出的微弱引力波信号GW150914。随后侦测到的两次事件GW151226与GW170104让我们更确认引力波的存在。这不仅应验了爱因斯坦的预言，更开启了宇宙学的全新视角，预期太初引力波终将为我们捎来极早期宇宙剧烈变化的幽微信息。

宇宙真的有起点？

撇开太初引力波不谈，暴胀理论基本上可说是非常成功的。可是我们必须谨记在心的是——造成今天宇宙大尺度结构种子的暴胀量子起伏，曾在太始之初被快速放大。若把时间往回推并估算这些量子起伏的大小，我们会发现它们都源自于比普朗克长度（Planck length, 大约等于 10^{-35} 米）还小的结构，然后被宇宙膨胀所扩大。这就产生了一个新的问题：在那么小的时空结构里，量子起伏非常大，那空间应该有什么样的结构？物质和空间的关系究竟是什么？我们并不知道，也没有一套理论告诉我们该如何处理这样的基本问题。可是现在从理论计算所得出的预测，却是假设不管发生什么事，这些量子起伏都可以无缝接轨地变成现有理论的初始条件。这是很令物理学家困扰的，除了显现出理论的不足外，也凸显了引力理论与量子理论在微观世界的格格不入。

一般而言，我们都认为在普朗克长度的极细微范畴内，应该有一套新的理论，也就是量子引力论，作为探索的凭借。因为爱因斯坦的广义相对论联结了物质与时空，而量子理论告诉我们物质在那么小的时空结构下是测不准的、有很大起伏的，所以在小于普朗克长度大小的时空区块里，空间应该也有类似的量子现象。如果否定这种想法，那我们就要反问，若在小尺度下物质能量起伏很大，而空间结构却可以照旧不受影响，那又如何解释大尺度下的物质与时空联结的广义相对论呢？

有趣的是，目前理论的假设就是——即使不晓得在那个阶段发生了什么事情，这些量子起伏都可以安然度过该尴尬的时期，被宇宙膨胀所放大到目前理论可以运作的大小。而这样的理论假设所预测的结果，却又可以很好地解释宇宙背景辐射上所遗留的信息。虽然暴胀很成功地帮我们理解了很多宇宙现象，但是超普朗克（Trans-Planckian）长度的问题还是很耐人寻味。

即使撇开超普朗克问题不谈，更基本的问题则直指宇宙的起点。既然宇宙在膨胀，那往回推就会回到宇宙创生的那一刻，那一定是雷霆万钧的，可是为什么有起点呢？起点之前又是什么状态？宇宙是否一直持续地重复相同的创生、演化、结束的过程？或者我们的宇宙在创生之前，什么都不是？不管如何，那一刻都是需要量子论的，所以我们需要量子宇宙学来帮我们解除疑惑。这是目前很多人投入的领域，详情请参阅本书第六章由余海礼与许祖斌所著的《时间、广义相对论及量子引力》一文。

宇宙原来可以理解！

回首宇宙学的发展足迹，虽然还有很多未解之谜，但从神学、哲学一路演变到一门真正的科学，还是令人惊讶不已。毕竟宇宙跟实验室大相径庭，我们并不能对宇宙做重复、相同的实验，或改变参数条件来重做实验，以检验我们的理论。虽然宇宙学可以视为是一门应用科学，但宇宙学的理论与验证，却跟基本物理一样的艰难、严谨。幸好，很多曾经发生过的宇宙大事件的信息，都被翔实记录在宇宙背景辐射里。如今引力波的侦测与证实，大致上为广义相对论画下完美的句点，并确认暴胀的概念在解释上更贴近真实的宇宙，而太初引力波终将带给我们更直接的极早期宇宙信息。一个世纪以来人类对广阔时空的探索，不断展现出宇宙学就是一门如此有趣又绝美的现代科学，完全印证了爱因斯坦的名言："关于宇宙最不可理解之事，就是它竟然可被理解。"

黑　洞

卜宏毅　林世昀　曹庆堂

从广义相对论开始，数学、天文学、量子力学、统计物理学、流体力学、信息论、弦论、凝聚态物理，以及基本粒子物理的知识与观点，都已陆续上场，加入黑洞物理的探究，交互激荡。下一次的哥白尼革命也许将从这里点燃——或者，已经从这里点燃了。

黑洞概念的萌芽

自从美国物理学家惠勒（John Archibald Wheeler, 1911—2008）在20世纪60年代提出"黑洞"这个有趣的名字以来，这个能吞噬一切、连光也逃不出其魔掌的怪物，早已深入人心。不过历史上第一个提出黑洞观念的人，应该是英国的科学家米歇尔（John Michell）。他在1783年的一篇研究双星系统的论文中，虑及物体从无限远处掉到星体表面的问题。他发现，如果星体的密度与太阳一样，并且其半径超过太阳的500倍，则物体到达星体表面的速度，会比光速还要快。

反过来说，假如我们在星体表面把物体扔向外层空间，物体的初始速度得超过光速，最后才不会掉回星体表面；这就是牛顿力学逃逸速度的观念（图3-1）。把这个结果套进当时流行的光粒子论中，米歇尔指出，光也无法从巨大星体表面逃逸，这种星体因此不会发光，也就成为我们现代所认知的黑洞。可惜米歇尔并没有进一步探讨这个观念，加上当时的天文学家并不认为有比太阳大500倍的巨大星体存在，这种黑暗巨大星体的想法也就慢慢被遗忘。

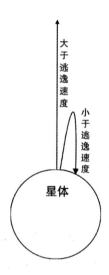

图 3-1 若初始速度小于逃逸速度，物体终会掉回地面；
若大于逃逸速度，则物体会一去不回

著名的法国科学家拉普拉斯（Pierre-Simon Laplace）在1796年也独立地提出黑洞的观念。在他当年出版的著作《宇宙系统论》（*Exposition du Systeme du Monde*）中，于第六章讨论到太阳系的形成时，他指出如果恒星的直径是太阳的250倍，而密度跟地球相当，则光也不能离开它的表面。不过19世纪，科学家们已经渐渐放弃牛顿的光粒子理论，而接受惠更斯（Christiaan Huygens, 1629—1695）所提出的光波观点。可能是这个原因，1808年在此书的第三版中，这个有关黑洞的猜想，就被拉普拉斯删除掉了。

史瓦西的数学精确解

　　爱因斯坦终于在1915年完成描述引力的广义相对论，其中引进的弯曲时空观念，对于当时的物理学家来说，是非常陌生的。再加上其运动方程，即所谓的"爱因斯坦方程"，是极为非线性的，要得到精确解一般而言十分困难；即便当时爱因斯坦自己对于水星近日点进动的计算，也是采取微扰的近似法。因此在1916年第一次世界大战期间，当爱因斯坦在德国物理学家史瓦西（Karl Schwarzschild）由前线寄来的信函中，读到其方程在球对称空间的精确解时，对此既简单又漂亮的时空解，不免感到惊奇万分。之后爱因斯坦在普鲁士科学院代为发表，广义相对论中的第一个黑洞解也随之诞生。

　　史瓦西是著名的天文和物理学家，生于1873年的德国，他在科学方面的能力，很早就表现出来。在16岁时他就发表第一篇学术论文，是关于星体运行的问题。1901年史瓦西便成为哥廷根大学的教授，1909年更转任波茨坦天文台的台长——这是德国天文研究极重要的职位，并于1912年获选成为普鲁士科学院的院士。就在他的研究工作处于高峰时，第一次世界大战在1914年爆发，年纪已过40的他，仍尽国民的责任加入军队的行列。他在东、西战线都服过役，并升到炮兵上尉军衔。

1915年史瓦西在俄国前线时，得了一种免疫方面严重的皮肤免疫系统病变。在战火和病痛双重困扰下，他仍完成了三篇学术论文，真的必须佩服其能力和毅力。其中一篇是前面提到的史瓦西黑洞精确解，由此开创了黑洞的研究。可惜史瓦西因病在1916年退役，回到家乡不到三个月就与世长辞，享年42岁。

奇异的史瓦西时空与事件视界

史瓦西去世后，他的时空解被广泛应用在不同的引力问题上。史瓦西解是一个"真空"解，对应的是空间中没有任何物质存在的状况，因此可以描述星体外的弯曲时空，如水星近日点的进动、光线弯曲以及光离开星体表面的红移等现象。

但史瓦西解可以代表整个时空吗？它的度规有两个奇异的地方（图3-2），一个在原点，即中心奇点，这里的时空曲率是无限大，下面我们会再讨论这个问题。另外一个在半径为$2GM/c^2$的地方，也就是所谓的史瓦西半径；这里G为重力常数，c为光速，M为中心星体的质量。史瓦西半径其实非常小，像太阳那么重的恒星，其史瓦西半径也只有3千米。

前面提到光逃离星体表面跑到外层空间，为了克服引力位能，其波长会变长，频率会下降，也就是所谓的引力红移。如果星体的质量不变但半径变小，则逃离其表面的光红移的程度会随之增加。当半径缩到史瓦西半径时，红移变成无限大，于是和频率成正比的光子能量变成零，逃离的光也就不复存在。因此星体的半径少于此临界半径，光也就不能离开。这跟米歇尔和拉普拉斯提出不会发光的星体如出一辙，只是把巨大的星体换成极致密的星体。

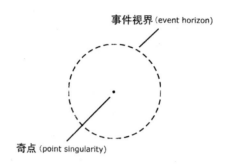

图 3-2 由史瓦西解描述的静止黑洞，
有中心奇点和位于史瓦西半径的事件视界

这样连光都不能离开，成为只能进不能出、单向入口的事件视界（event horizon），就算是爱因斯坦，一时也无法接受如此怪异的观念。当时爱因斯坦认为，这样极致密的星体不可能存在。其实在提出黑洞解的同时，史瓦西在另一篇论文中，已考虑一个等密度的简单星体平衡模型，并指出当半径为史瓦西半径的1.125倍时，星体中心的压力会变成无限大，这显示半径小于史瓦西半径的极致密星体，是不可能产生的。

为了检验史瓦西的想法，爱因斯坦在1939年提出另一个物质的模型，是一群粒子在相互的引力作用下，以圆形轨道运行达到平衡。但此一球形粒子群的轨道半径，在小于史瓦西半径的1.5倍时，粒子的速度会超过光速，所以这么致密的星体应该也是不可能发生的。

另一个可以不去担心奇异的史瓦西半径的原因，是关于粒子在史瓦西时空的运动。洛伦兹的学生卓斯特（Johannes Droste, 1886—1963），在1916年研究粒子在史瓦西时空的轨道时，发现往中心掉落的粒子，对远方的观察者而言，要经过无限长的时间，才会到达史瓦西半径（图3-3）。换言之粒子愈接近史瓦西半径，速度就变得愈慢，运动好像被冻结住一样，因此黑洞也曾被称为冻星体。

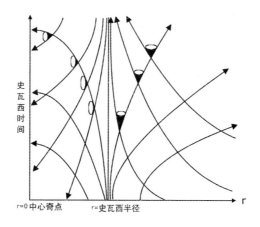

图 3-3 史瓦西黑洞附近光线的轨道事件视界内光都没法离开，
而对于远方观察者，光也要无限长的时间，才能到达事件视界

总之史瓦西半径，似乎是一道不能逾越的屏障，对黑洞外的我们，看来不会有任何影响。再加上爱因斯坦的权威意见，史瓦西黑洞的观念就此沉寂；等到20世纪50年代，物理学家对黑洞的事件视界有更深入的了解后，它才又再引起广泛的兴趣。

其实，史瓦西半径会造成这般奇异的现象，是坐标选取的问题——度规（metric，表达某个坐标下时间和空间长度的数学函数）的某些分量会在这里发散（变成无限大），但物理现象却没有异常。早在1921年左右，潘勒韦（Paul Painlevé, 1863—1933）和古尔斯特兰德（Allvar Gullstrand, 1862—1930）就分别找到在史瓦西半径并不发散，却同样描述史瓦西黑洞的新度规，后来爱丁顿（Arthur Eddington）和芬科斯坦（David Finkelstein, 1929—2016）也提出类似的度规。在20世纪30年代罗伯逊（Howard Robertson）首先指出，掉进黑洞的观察者，会觉得在有限的时间之内，即他自己有限的原时（proper time），就能到达史瓦西半径（图3-4）。因此，此半径并不是一个屏障，更不是真正的奇点。掉进去的观察者，也不会在穿越史瓦西半径时，感觉有任何异状。

至于史瓦西和爱因斯坦所提出、关于小于史瓦西半径的星体不可能存在的模型计算结果，从新的观点来看，其实都表示在巨大的引力作用下，没有任何古典物理的作用力，可以抗拒黑洞的形成。

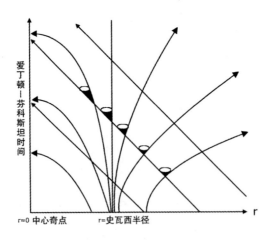

图 3-4 对于掉进黑洞的观察者，
在有限时间内就可通过事件视界

神秘的中心奇点

史瓦西黑洞解的另一个奇点，是位于黑洞的中心，物理上它是真实的奇点，时空曲率在这里会变成无限大。但发散的量出现，也有可能代表理论本身的问题，所以包括爱因斯坦和爱丁顿等出名的科学家，对这个奇点都持保留的态度。自然界真的会有极致密的星体吗？而中心的物理奇点真的会产生吗？

1939年奥本海默（J. Robert Oppenheimer, 1904—1967）和斯奈德（Hartland Snyder, 1913—1962）对球对称星体的引力坍塌进行详细的计算，发现以和物质一同掉落的观察者角度来看，崩塌在有限的原时内就会形成中心奇点，这看起来是无可避免的。

球对称模型最重要的应用，当然是恒星的结构方面。恒星的一生中大部分时间，都是靠中心的核融合作用产生巨大的能量，来维持热气体的压力，以抗衡引力坍塌的力量。但恒星中心的燃料终有一天会耗尽，那还有其他的力量可以抗拒引力坍塌吗？

1930年，年轻的印度大学毕业生钱德拉塞卡（Subrahmanyan

Chandrasekhar, 1910—1995），在坐船前往英国深造的旅程中，发现如果星体质量少于约1.3倍太阳质量，则物质的电子因泡利（Wolfgang Pauli, 1900—1958）不相容原理而产生简并压力，可以抗拒引力坍塌。钱德拉塞卡也因此获得1983年的诺贝尔物理学奖。

但若星体质量大于被称为"钱德拉塞卡极限"的1.3倍太阳质量，电子的简并压力将无法抵挡引力的坍塌，取而代之是中子的简并压力。奥本海默和沃尔科夫（George Volkoff, 1914—2000）在1939年最早考虑这个问题，并计算出0.7个太阳质量的极限。更现代的计算，其中对于中子物质有更好的描述，则发现在超新星爆炸后剩余质量为1.4到3个太阳质量的星体，其中子的简并压力可以抗拒引力坍塌，而形成一颗中子星。现在我们相信天文观测中的脉冲星，就是中子星。

至于超新星爆炸后还大于三个太阳质量的星体，连中子的简并压力也无法抵抗其崩塌，正如奥本海默－斯奈德的模型所描述。它们最后会形成具有中心奇点的黑洞吗？自然界真的会有弯曲率无限的奇点吗？还是奥本海默－斯奈德模型太过于简化了呢？这是1961年苏联科学家哈拉尼科夫（Isaak M. Khalatnikov, 1919—）和利弗席兹（Evgeny M. Lifshitz, 1915—1985）所提出的疑问。为了更深入了解，他们在奥本海默－斯奈德模型中加上微扰，从微扰的表现来探讨中心奇点稳定的问题。

哈拉尼科夫和利弗席兹的计算发现，一些微扰会有发散的情况，这代表奥本海默－斯奈德的中心奇点的确是不稳定的。其最主要的原因是球对称的假定实在是太理想化，在实际的情形不可能成立。就像在牛顿重力的情况下一样，假如星体质量分布稍微偏离球对称，在坍塌过程中，大部分的物质将会错过中心点，最后向外散射而变成爆炸。因此奥本海默－斯奈德中心奇点，不可能出现在实际的自然界中。1962年朗道和利弗席兹更把这个结果，放进他们极有影响力的系列教科书中。

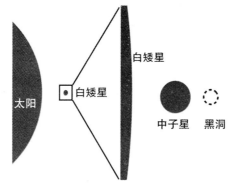

图 3-5 和太阳质量相当的白矮星、中子星和黑洞，其半径的相对大小
其中，事件视界其实是个摸不到的、假想的黑洞表面（在图中以虚线表示）。事件视界的大小和黑洞的质量成正比：一个具有太阳质量大小的静止黑洞，其事件视界大约为3千米；而对一个具有10亿个太阳质量的静止黑洞来说，其事件视界为30亿千米，大约是太阳到冥王星的距离。

可是这个观点在1964年，有了重大的改变。英国的数学家彭洛斯（Roger Penrose, 1931—），首次提出以拓扑的方法来考虑坍塌的问题。由于拓扑学是关注空间整体的特性，而广义相对论是比较注重空间局部的变化。因此当时大部分研究引力的科学家，并不太熟悉拓扑的方法。彭洛斯则利用拓扑学，来证明他的奇点定理。其中指出若有表观视界（apparent horizon，即光线不能往外离开的范围边界）形成，则奇点的产生是无可避免的。

哈拉尼科夫和利弗席兹的计算，显示奥本海默－斯奈德中心奇点在非理想状况下不会形成，彭洛斯却证明了物理奇点必须存在，那到底问题出在哪里呢？据说物理奇点不见容于当时的马克思主义哲学，在政治上是非常不正确的，因此苏联科学家要肯定物理奇点的存在，得有很大的勇气。不过1969年，哈拉尼科夫和利弗席兹与贝林斯基（Vladimir Belinski, 1941—）还是展开了更仔细的研究，结果发现情况远比之前的分析复杂太多。他们发现了有名的BKL奇点，接近这类物理奇点时，空间在不同方向上的胀缩会随时间呈现混沌的振荡，这是他们之前完全没有想到的现象。虽然BKL的分析主要以宇宙学模型为对象，之后的许多数值计算结果显示，引力坍塌到中心奇点附近时，也会有类似的情形。

至于彭洛斯的拓扑方法，也从此成为研究重力理论重要的工具。尤其是在1970年，霍金和潘洛斯就利用拓扑方法，证明宇宙学的奇点定理，即大爆炸宇宙模型必始于一个奇点。而如果以后宇宙停止膨胀，并开始收缩，则最后又会回归到另一个奇点。霍金更利用这个方法，来证明他的事件视界面积只增不减的定理，并借此引进黑洞热力学，我们随后会对黑洞热力学，有更详细的描述。

奇点的产生，在广义相对论中是无可避免的。但引力坍塌所形成的奇点都伴有事件视界，使外面的观察者无法探查其特性。彭洛斯为了解这是否为一般情形，曾努力寻找没有事件视界裹身的"裸"奇点，但都没有成功。因此他在1969年提出所谓宇宙审查假说（Cosmic censorship hypothesis），认为除了大爆炸奇点外，就没有其他裸奇点。

宇宙审查假说到目前仍是一个悬而未决的问题。1991年霍金、索恩（Kip Stephen Thorne, 1940—）和普雷斯基尔（John Preskill, 1953—）就因此打赌（图3-6），霍金代表主流的想法，认为裸奇点不可能存在；而其他两位在加州理工学院的教授，则认为裸奇点有可能存在，并可供科学家观察研究。赌注是100英镑对50英镑，输的人还要送赢的人T恤，并写上一句认输的话。

1997年得克萨斯州大学的查普威克（Matthew Choptuik），利用数值相对论的方法，以计算机计算，发现在一些极特殊的初始条件下，确实有裸奇点产生。于是霍金只好认输。不过在送给普雷斯基尔和索恩的T恤上，他写的还是"自然界憎恶裸奇点"（Nature abhors a naked singularity）这句不太服输的话。由于查普威克所用的初始条件极为特殊，因此霍金等三人又立下另一赌注，考虑在一般的初始条件下，裸奇点能否产生。到目前为止，这个赌约仍未分出输赢。

Whereas Stephen Hawking and Kip Thorne firmly believe that information swallowed by a black hole is forever hidden from the outside universe, and can never be revealed even as the black hole evaporates and completely disappears,

And whereas John Preskill firmly believes that a mechanism for the information to be released by the evaporating black hole must and will be found in the correct theory of quantum gravity,

Therefore Preskill offers, and Hawking/Thorne accept, a wager that:

When an initial pure quantum state undergoes gravitational collapse to form a black hole, the final state at the end of black hole evaporation will always be a pure quantum state.

The loser(s) will reward the winner(s) with an encyclopedia of the winner's choice, from which information can be recovered at will.

Stephen W. Hawking & Kip S. Thorne   John P. Preskill

Pasadena, California, 6 February 1997

图 3-6 1991年，霍金、索恩和普雷斯基尔对于宇宙审查假说的赌约

带电的黑洞——两个视界

自然界有两种长距离的作用力：引力和电磁力。因此在史瓦西黑洞解发表后不久，科学家们便很自然地寻找带电又球对称的黑洞解。首先是德国的莱斯纳（Hans Reissner, 1874—1967），在1916年提出带电的球对称黑洞解（有趣的是，他并不是职业物理学家，而是航空工程师）。接着著名的德国数学家外尔（Hermann Weyl）在1917年，芬兰的物理学家德斯特罗姆（Gunner Nordström）在1918年，都提出类似的黑洞解。因此，人们称它为莱斯纳－德斯特罗姆黑洞（莱－诺黑洞）。

莱－诺黑洞（图3-7）跟史瓦西黑洞一样，有只能进不能出的事件视界和中心奇点。但莱－诺黑洞不同的地方是它有两个视界，外面的是事件视界，一个掉进莱－诺黑洞的观察者，进入外视界后，径向坐标会从类空间（spacelike）变成类时间（timelike）（史瓦西黑洞的情形也一样），它只能往内掉，无法退出，就像时间无法倒流一样。但通过内视界后，径向坐标又变回类空间，因此观察者可以选择往中心奇点，或往外通过一个带电的白洞，而到达另一个宇宙。莱－诺黑洞真的可以作为通达不同宇宙的虫洞（wormhole）吗？看起来有一点不可思议，但它的确是广义相对论给出的解。

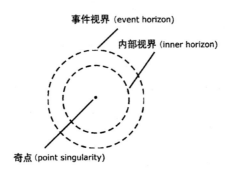

图 3-7　由莱斯纳－诺德斯特罗姆解描述的带电黑洞，
有内外两个视界

　　当黑洞的电量愈大，则内外视界会愈接近。当电量到达一个临界量，则内外视界会合而为一，就是所谓极值黑洞（extreme black hole）。极值黑洞有"超对称"（即自旋为整数的玻色子和自旋为半整数的费米子之间的对称）的特性，会出现于超引力理论中。

　　如果电量增加超过这个临界值，则两个视界都不复存在，外界便可以观察到裸露的中心奇点。莱－诺超极值黑洞，是最典型的裸奇点，其存在好像跟宇宙审查假说有所冲突。如果宇宙审查假说是正确的，这种黑洞就不可能产生，但到目前为止，仍没有完整的证明。

潘多拉的盒子——克尔的旋转黑洞

爱因斯坦在1915年完成广义相对论，1916年史瓦西就提出球对称的黑洞解，接着莱斯纳和德斯特罗姆在一两年后发表带电的黑洞解。可是一般的物质大都是中性，而星体却常有旋转运动，在坍塌而成为黑洞后，应仍保有一定的角动量。因此物理学家努力寻找带有角动量的旋转黑洞解，结果居然要经过近50年，才由新西兰的物理学家克尔（Roy Kerr, 1934—）在1963年找到，可想而知其困难度。

20世纪60年代到20世纪70年代被称为广义相对论的黄金时代，引力的研究成为物理的主流之一。克尔黑洞解的发现，也是其中非常重要的工作。虽然旋转对称比球对称只少了一个对称性，但爱因斯坦方程却变得甚为复杂，耦合的偏微分方程难以分离、各个击破，使物理学家在将近50年中都无法解开该难题。克尔之所以成功，是因为他从不一样的角度来处理这个问题。其中他所运用的一个新观念，是有关引力场的分类。

1954年苏联物理学家彼得罗夫（Aleksei Z.Petrov, 1910—1972），提

出对引力场分类的观念。描述引力场，也就是时空的弯曲度，通常会用黎曼张量或外尔张量。考虑如外尔张量的对称性，则在一般的情形，可以用一个三乘三的复数矩阵来表示。彼得罗夫则利用分类此矩阵的代数方法，即对应的本征值和本征空间，来处理时空局部的分类。

彼得罗夫分类法一开始并没有受到重视，但到20世纪60年代物理学家逐渐发现其重要性。有趣的是，虽然史瓦西和克尔黑洞很不一样，但它们在彼得罗夫分类下都属于同一类型。克尔借着研究该类型的解，以及它们的对称性，而找到旋转黑洞的度规，解决了一个悬挂多年的难题。两年后的1965年，美国物理学家纽曼（Ezra T.Newman, 1929—），便找到带电又旋转的克尔－纽曼黑洞。

克尔旋转黑洞（图3-8）跟莱－诺黑洞一样，也有内外两重视界。与莱－诺黑洞不一样的是，在外视界外，另有一个面叫"静止极限"，该表面和外视界之间的空间，就是"动圈"（ergosphere）。在动圈内任何物质包括光，都要随着黑洞旋转，不可能静止不动。由于时间坐标在动圈中变成类空间，因此物质的能量正负均可。在1969年彭洛斯便提出，要是某块物质在动圈中一分为二，而其中一半带有负能量并掉进黑洞，则另一半可以往外离开动圈，并拥有更多的能量。利用这种所谓的"彭洛斯过程"（Penrose process），我们能从旋转黑洞中提取能量，其来源是黑洞的旋转能量，黑洞也因此会减慢其转速。

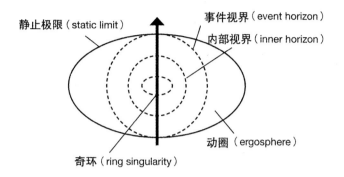

图 3-8 由克尔解所描述的旋转黑洞，
有动圈、内外视界和奇环

　　克尔黑洞的时空曲率发散处，并不是在中心点，而是位于内视界内、赤道平面上的一个"奇环"。环的半径跟转速成比例，当转速趋于零，则奇环也会缩成中心奇点。如果物质在赤道平面掉进黑洞，其遭遇也和掉进赖 - 诺黑洞一样，能在进入内视界后，避过奇环，再从另一个克尔白洞离开，而到达别的宇宙，因此延伸的克尔黑洞，也可以成为一个虫洞。

　　若不从赤道平面掉进克尔黑洞，则物质可以穿过奇环内正常的区域，而不接触到时空曲率发散的地方。通过后的时空，必须看成是克尔时空的延伸。通常我们定义的半径总是大于或等于零，但该延伸时空中的径向坐标是负的，而且还允许封闭类时曲线 / 世界线（closed timelike curve/worldline）存在，这将会破坏因果律——一旦延伸时空够稳定，克尔黑洞便可能作为时间机器。

总之克尔黑洞内部，好像潘多拉的盒子，藏着如奇环、白洞、虫洞、封闭类时曲线、时间机器等怪象，有待科学家进一步探索了解。不过天文学里对黑洞的讨论，是针对能被观测到的现象，因此黑洞内部怪异的时空结构，就不属于天文学的范围了。

对黑洞的观测证据

像黑洞这样奇特的时空结构，真的存在于宇宙中吗？近代天文学的发现告诉我们：黑洞不但非常有可能存在，还比想象中的更有活力呢！通常黑洞在宇宙中并非独处一隅，除了附近星体的运动可能受其影响之外，当物质被黑洞捕捉时，少数物质也有可能在掉入黑洞前被甩出，而形成巨大的高速喷流，造就宇宙中壮丽的风景。此外，黑洞的存在，也能对星系的结构造成影响，甚至对更大尺度的星系团结构扮演重要的角色。

前文提过，恒星演化晚期会因为内部核反应燃料烧光，而丧失往外的压力，最后因自身引力而坍塌，形成"致密天体"，其成员包含了白矮星、中子星和黑洞。当星球坍塌时，星球内部的物质会因为电子和电子（或中子和中子）彼此的不兼容，而产生电子（或中子）简并压力，进而抵挡引力的进一步坍塌并形成白矮星（或中子星）。而当以上两种简并压力都无法抵挡星球不断继续坍塌时，假设大自然再也没有解决方案能避免星球半径进一步坍塌，最后就会形成黑洞。因为白矮星和中子星都有个质量上限，天体致密且质量高于某个临界值时，黑洞自然就成为目前理论上唯一可能的解释。1964年被发现的X射线源——天鹅座X-1，是后来第一个被认为是黑洞的天体。天鹅座X-1位于一个双星系统，据推测其质量约为太阳质量的10倍，大于中子星的质量上限（大约太阳质量的3倍）；其 X射线亮度变化所需的时间大约只有千分之一秒，意味着发射出这些X射线能量的区域大约只有数十个事件视界的大小。原来，这些X射线是当物质逐渐掉入黑洞时，它们变亮变热所发出的能量。

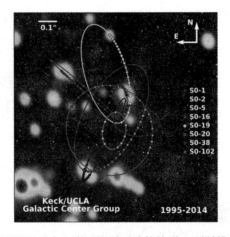

图 3-9　借由长年观测银河系中心附近恒星运动的轨道，可以推断出轨道的共同焦点（约位于图的中心处）存在一个约400万个太阳质量的超大质量黑洞 (The image was created by Prof. Andrea Ghez and her research team at UCLA and are from data sets obtained with the W. M. Keck Telescopes)。

　　除此之外，宇宙中还存在约有几百万到几十亿倍太阳质量的黑洞，我们称之为超大质量黑洞（super massive black hole），其重量远大于天鹅座X-1之类由恒星演化所造成的黑洞。大部分星系中心都存在着超大

质量黑洞，包括我们所居住的银河系的中心，但其形成过程我们还不清
楚。图3-9是美国UCLA团队长期观测银河系中心附近恒星运动的资料。
这些恒星绕着共同的质量焦点在运行。借由恒星的轨道速率，可以推出
位于焦点上的天体约有400万个太阳质量；而根据轨道的大小，可以推
出此天体大小的上限。有了质量和大小的信息，可以反推出这个位于银
河系中心的天体其本质最有可能是个约有400万个太阳质量的超大质量
黑洞。

黑洞与吸积流

1963年，荷兰天文学家施密特（Maarten Schmidt, 1929—）确认，一个本来大家以为是恒星的天体3C 273，其实是个遥远星系（超过10亿光年远）的明亮核心，这类天体后来因此被称为"类星体"（quasar）。类星体那么遥远，却还是能被我们看到，这表示它必定能非常有效地产生辐射能量。

但是，什么样的系统可以提供这样的能量呢？天文学家多年后才了解到，原来类星体是离我们遥远的超大质量黑洞正在进行吸积过程的表现。物质被天体引力捕捉而逐渐往天体掉落的过程称为吸积（accretion）。在吸积过程中，物质因为本身携带有角动量，往往不会直接往天体掉落，而会绕着天体旋转，在形成所谓"吸积流"（accretion flow）的结构，并慢慢损失角动量后，才能掉到中央天体上。相较于其他不像黑洞那么致密的天体，黑洞的致密特性，能让物质在吸积过程中，有更多的引力位能可以转换成辐射的形式释放。这使得黑洞加上吸积流，成为目前已知宇宙中最有效产生能量的方式。

第三章
黑洞

天文学家发现，尽管一般星系的辐射能量来源是由所有组成星系的恒星所贡献，但某些星系的主要能量来源集中在星系的核心部分，其光谱的能量特征也透露出这些能量并非由恒星而来。这类天体称为"活跃星系核"（Active galactic nuclei）。活跃星系核家族具有共同的特征：首先，其放出的能量足以匹敌，甚至超过星系中所有恒星加起来的能量输出；其次，由接近星系中心部分的气体运动方式可以推断，需要有大量的质量聚集在星系的中心。这种致密且能有效地释放能量的特征，让超大质量黑洞加上吸积流自然而然地成为目前对活跃星系核的主流解释。上述的类星体便是活跃星系核家族的成员之一。

类星体距离我们遥远却又明亮的特性，不但可当作"背景光源"来研究介于类星体和地球间的物质特性，也提供了研究宇宙早期历史的宝贵机会。观测发现，当宇宙年龄约20亿岁时（宇宙至今年龄大约是137亿岁），类星体的存在远比目前要普遍许多，人称"类星体时代"（Quasar era）。类星体活跃的纪录，也就是一部大质量黑洞如何因为吸积物质而成长的历史。这关系到多少物质能被星系中心的大质量黑洞吸积，以作为类星体放出能量的"燃料"。当超大质量黑洞只有少量或不再有燃料供应时，那些在宇宙早期曾经是类星体的超大质量黑洞，会成为较不明亮或正在"冬眠"的黑洞，隐藏在较不明亮的活跃星系或一般星系的中心。

黑洞喷流——壮观的宇宙风景

少部分的活跃星系核，如"电波星系"（radio galaxy），还伴随着喷流（jet）的现象（图3-10）。这些由黑洞附近产生的喷流大都呈现束状，不但其尺度可以大于星系本身数倍，而且其速度还能接近光速。

理论天文物理学家发现，磁场似乎对喷流的产生扮演了重要角色。部分吸积流物质在掉入黑洞之前，有机会"攀上"黑洞附近被吸积流带动而旋转的磁力线，并沿着磁力线被加速甩出形成喷流（图3-11）。除此之外，旋转（克尔）黑洞外部的"动圈"也可能带动磁力线旋转。不过黑洞喷流的能量来源，究竟主要是来自于吸积流，还是黑洞的旋转，目前还没有明确的答案。

喷流的表现也和吸积流的状态有关，从黑洞双星的观测结果可看出其关联。这是因为恒星级黑洞的质量远比超大质量黑洞要小，吸积流改变状态的特征时间较短暂，因此更容易进行研究。

这些观测结果和衍生的猜测，目前已经能用理论模型加以探讨。广义相对论性磁流体力学（GRMHD，General Relativistic

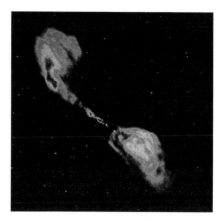

图 3-10 电波星系半人马座A的无线电波影像显示出由星系中心喷出的壮观喷流结构

星系本身在此波段不可见。Credit: Jack O. Burns (University of Missouri) & David Clarke (St. Mary's University, Nova Scotia)。

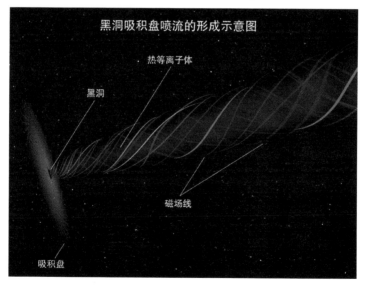

图 3-11 黑洞吸积盘喷流的形成示意图

理论上认为黑洞喷流的产生与磁场密切相关。少部分吸积物质在掉入黑洞前，有机会沿磁力线向外加速逃逸，形成喷流。Credit: NASA, ESA, and A. Feild (STScI)。

Magnetohydrodynamics）正是同时描述黑洞附近的弯曲时空、磁场和等离子体（plasma）物质三者物理的理论利器。近年GRMHD数值模拟的蓬勃发展，让我们对黑洞喷流的产生机制，有更多更深入的认识（图3-12）。

图 3-12 广义相对论性磁流体力学（GRMHD）

数值模拟黑洞吸积过程与喷流产生的范例。

颜色显示吸积流的密度，黑洞位于中心。

错综复杂的黑洞生态系统

以上我们分别介绍了吸积过程、喷流、大质量恒星演化最后会形成的恒星级黑洞和位于星系中心的超大质量黑洞。这一切又会进一步交织成怎样错综复杂的情形呢？

在天文学中，除了黑洞怎么捕捉或影响周围物质的运动外，黑洞如何把能量向外释放到周遭环境，也是令人感兴趣的课题。如果一个星系像地球那么大，那么星系中心的超大质量黑洞，就大约只有一个弹珠大小。这么小的超大质量黑洞，借由吸积过程释放出的能量辐射或喷流，竟然能影响整个星系，甚至是整个星系团！

在宇宙早期还没有膨胀到现在的大小时，星系和星系间的碰撞比现在更为频繁。当一个星系与另一个富含气体的星系相碰撞时，可能会有更多气体掉入各自星系中心的超大质量黑洞。但在更多气体掉入黑洞的同时，黑洞反而产生更大的吸积流能量辐射或喷流，而将周围的气体加热或由星系中心吹出，阻止了气体继续往中心聚集，错综复杂地影响了星系中的恒星（其原料为气体）形成。如此一来，黑洞也就不再活跃而进入冬眠。超大质量黑洞如何和其所在的星系共同演化以及如何影响大尺度结构，也是天文学研究的重要主题之一。

寻找黑洞存在的直接证据

在不久的未来，"甚长基线干涉仪"（Very Long Baseline Interferometry，VLBI）技术，将可能让我们观测到黑洞事件视界附近的影像，进一步提供黑洞存在的更直接证据。

简单地说，VLBI的概念，就是将位于地球上许多不同地方的望远镜同时对准观测某一特定天体，这相当于用一个直径有如地球般大小的"虚拟望远镜"观测。这样的"虚拟望远镜"在频率为次毫米波段的分辨率，相当于可以在地球上看到月球表面上的一元硬币，这足以解析某些星系中心超大质量黑洞事件视界附近的影像（图3-13）。

黑洞不发光，事件视界又是想象中的曲面，所以身在黑洞外的观察者，是看不到黑洞本身的。但别忘记了，黑洞的事件视界附近是被吸积流所包围着的。由黑洞附近发光物质所发出的光，最后有些还可以到达地球，形成影像，这些影像是有特征的。如前所述，相较于静止黑洞，旋转（克尔）黑洞的事件视界外部多了一层结构，称为"动圈"（图3-8）。动圈可以当作是旋转黑洞储存旋转动能的地方。在动圈内部，时空就像是个

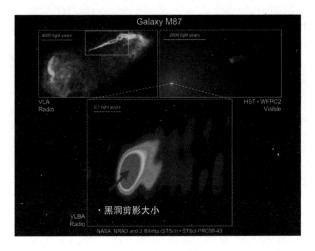

图 3–13 M87天体在不同观测波长及不同分辨率下所呈现的影像
未来的VLBI观测所能达到的分辨率，将能让人们首度观测到黑洞
的事件视界附近（箭头处）的影像，验证黑洞是否存在。Credit:
original image by NASA, NRAO and Biretta (STScl), modified by
the authors。

流体的漩涡，负载其上的任何东西，甚至光或磁场，都不得不和黑洞旋转
的方向一起转动，这叫作"参考系拖曳效应"（frame dragging effect）。

这样的"时空漩涡"效果，可以通过光被静止黑洞和旋转黑洞捕捉
的不同轨迹（图3–14）来呈现。在图3–15中，显示当吸积流从各个方向
掉入黑洞时所形成的影像。相较于静止黑洞的对称剪影，旋转黑洞能因
为"时空漩涡"，进一步造成左右不对称的黑洞剪影。而未来VLBI观测
的黑洞影像，预计将会更为复杂，并揭示出更多关于吸积流甚至喷流形
成的细节。就让我们拭目以待吧！

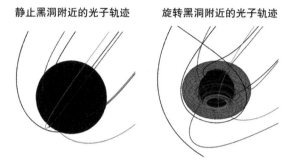

图 3-14 根据广义相对论的计算，光线掉入静止黑洞（图左）和旋转黑洞（图右）的轨迹

因为参考系拖曳效应，当任何东西够接近旋转黑洞时，都必须顺着黑洞转动的方向旋转，造成光线轨迹的不对称。图中事件视界由深色曲面表示，静止极限由透明曲面表示（参考图3-8）。

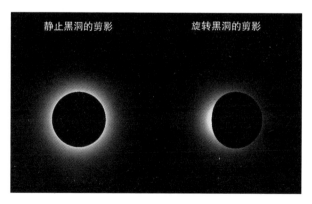

图 3-15 黑洞被吸积流物质所包围时，因吸积物质所发出光线而烘托出的"剪影"（理论计算）

相较于静止黑洞（图左），旋转黑洞的剪影（图右）因为"参考系拖曳效应"而呈现不对称状。

黑洞热力学

介绍完了天文观测中的黑洞，我们再回头讨论一些目前还离观测很远的理论进展。

20世纪70年代伊始，彭洛斯与弗洛伊德（R.M.Floyd）便根据他们对克尔黑洞的研究结果，猜想物理过程前后的黑洞面积只会增加，同时期克利斯托杜洛（Demetrios Christodoulou, 1951—）的研究结果也显示出这一点。很快地，霍金在1972年广泛证明了在古典广义相对论的架构下，黑洞从一个稳态（stationary state）经过物理过程到下一个稳态，事件视界的面积只会增加不会减少。1973年巴丁（James Bardeen, 1939—）、卡特（Brandon Carter, 1942—）和霍金三人更整理出了黑洞热力学四大定律：

黑洞热力学四大定律

第零定律：稳态黑洞事件视界的表面引力在整个视界上是同一个常数。

第一定律：描述两个所有参数都很接近的黑洞之间质量/能

量差别的状态方程，除了一些和做功有关的项，还要加上一项表面引力与两个黑洞面积差的乘积（除以一个常数）。

第二定律：从旧稳态到新稳态，任何黑洞的事件视界面积不会减少。

第三定律：物理过程再怎么理想化，也不可能以有限的步骤将黑洞的表面引力减到零。

一般热力学四大定律

第零定律：一个处在平衡态的系统，其温度在整个系统中是同一个常数。

第一定律：描述两个所有参数都很接近的平衡态之间能量差别的状态方程，除了一些和做功有关的项，还要加上一项温度与两态熵的差的乘积。

第二定律：从旧平衡态到新平衡态，熵只可能增加或持平，不会减少。

第三定律：物理过程再怎么理想化，也不可能以有限的步骤将平衡态系统的温度减到零。

和一般热力学四大定律比较，我们不难看出，黑洞的稳态模拟于热力学中的平衡态，而在稳态下可定义的物理量中，黑洞的面积和一般热力学的熵有类似的行为，表面引力则和温度类似。

其实在这之前，黑洞和热力学之间有种微妙的关系，已经是许多学者共同的感觉。在1971年间的一次和学生的例行讨论时，惠勒突发奇想：假如他把带着大量熵的热咖啡扔进黑洞，那么宇宙的熵不就变少、热力学第二定律不就被破坏了吗？研究生贝肯斯坦（Jacob Bekenstein）听了以后，一时也没有答案，便把问题带回家。

几个月后，贝肯斯坦开心地告诉惠勒，他想通了。贝肯斯坦从多方面论证，都得到同一个结果：黑洞的熵就正比于其事件视界的面积。因此一个热力学系统如果有黑洞包含于其中，其总熵即为黑洞熵加上非引力部分的一般的热力学熵。咖啡掉进黑洞后虽然消失，但黑洞变大了，熵也就变多了，所以宇宙的总熵并没有变少。

在1972年莱苏什（Les Houches）夏季学校里，贝肯斯坦报告了这个他当时还未发表的想法。当时巴丁等人的黑洞热力学论文还没刊出，但该文的部分结果已为圈内人所知，因此演讲中间，引起热烈的讨论。霍金以及许多学者还是谨慎地认为，把黑洞面积和熵的"模拟"变成"正比"跳跃太大，需要更多证据与推论来支持，而在古典广义相对论下，基本上拿不出办法。在巴丁等人稍后才发表的文章中，提到黑洞表面引力和温度模拟的地方，还有很长的一段文字说明黑洞的有效温度只能为零。

不过有一个重点霍金倒是注意到了。贝肯斯坦发现，若要引入物理常数凑出熵的正确单位，除了普朗克常数以外，别无选择。于是贝肯斯坦进一步解释，由于黑洞在吸收一个粒子所增加的面积，最少是该粒子的质量乘上直径，而一个量子力学中的粒子直径可以用康普顿长度（Compton length），也就是普朗克常数除以粒子的质量来估计，所以这个最小面积增减单位，就是普朗克常数本身[也就是普朗克长度的平方——在自然单位（G = c = 1）下]。

这下可有趣了。首先，这暗示古典黑洞热力学居然和量子物理有关。不过这在物理史上并不是第一次发生，比如说热力学的吉布斯悖论（Gibbs paradox），就和量子力学有关。其次，把黑洞面积除以常数代入黑洞热力学第一定律中的状态方程中，可以导出黑洞的温度就是事件视界处的表面引力乘上常数。不过大家已经再三思考过了，黑洞是黑的，连光都跑不出来，哪来的温度呢？普朗克常数……难道是量子效应吗？如果是的话，那假如量子涨落产生粒子对，反粒子掉进去正粒子所组成的黑洞，会是怎样的情况呢？

1974年，霍金自己找到了答案。如果把一个量子场摆在黑洞的固定背景时空中，当你研究量子场的最低能量状态，也就是所谓的真空态时，你会发现由黑洞逸出到无限远处的量子场功率流不为零，也就是说，黑洞不是全黑的，黑洞会辐射！霍金进一步发现此辐射的能谱和黑体辐射相同，其温度刚好就是事件视界处的表面引力除以2π。

这个结果一发表，同领域的学者几乎都不服气，因为霍金论文的数学推导虽然清楚，结果却出人意料。当时大家公认把量子场摆在类似膨胀宇宙之类会随时间变动的时空背景之下，是会把量子场激发出粒子的[这是帕克（Leonard Parker, 1938—）在1968年的创见，现在广泛应用在宇宙学中]。不过霍金研究的黑洞基本上是静止的时空背景，怎么会"抖"出粒子呢？物理学家便各显神通来检验。这些心得在1975年和1976年陆续发表 [安鲁（William Unruh, 1945— ）提出安鲁效应的名作也是其中之一]，大家终于肯定霍金是对的。因此我们现在把黑洞辐射称为霍金辐射，其温度称之为霍金温度。

质量愈小的黑洞，半径愈小，表面引力愈大，霍金温度愈高，因此愈重的黑洞反而温度愈低、愈稳定。换句话说，黑洞的比热是负的，喂给黑洞的能量或质量愈多，它的温度会愈低。负比热其实是一般引力系统的特性，和一般课本里的热力学系统很不一样。负比热系统的热力学熵本来就不和体积成正比（non-extensive），也无法直接累加（non-additivity），也就是说，两个黑洞合体后的熵，并不是合体之前的两个黑洞各自的熵的和。因此黑洞的熵和面积而非体积成正比，并不奇怪。我们现在已经知道，一般无奇点的引力系统或任何有长程作用力的系统，熵也不和体积成正比。

之后贝肯斯坦进一步以玻尔（Niels Bohr, 1885—1962）和索末菲（Arnold Sommerfeld, 1868—1951）旧量子论（old quantum theory）的精神，尝试以黑洞原子模型来描述黑洞的行为。虽然这个模型目前还没有办法由实验或观测来验证，但其中提到的重点，像黑洞的主量子数为面积、黑洞的原子"能"（面积）谱是离散的，以及各"能阶"的简并度正比于数学常数e的熵次方，都成为日后用量子物理描述黑洞自由度的基本条件。

诡异的黑洞信息

在关于黑洞熵的文章中，贝肯斯坦已经理解到，一个系统的熵和这个系统蕴含的信息有很深的关联。熵有时可以解释为混乱度，愈有秩序、愈规律的物体或系统，熵愈小，而同样的热能可以用来一致对外做功的部分就愈大。量子场的热平衡态基本上除了以温度为参数的热分布以外，没有结构或秩序，所以熵最大。像正常人体的熵就远比火化后的熵为小。因为人体内的分子是遵循少数单纯的规律堆积起来的，随便改变一点排列就可能会让整体的行为和功能非常不同（比如说得癌症），而火化后的骨灰和轻烟基本上是一堆混乱的分子，搅拌以后整体性质还是差不多。

问题来了。像人、狗、酱油、汽车这些不同却各有秩序的物体，一旦掉进黑洞（当然以黑洞外观察者的观点，物体要花无限长的时间才会掉到事件视界）再辐射出来，看起来一样都是乱度最高、找不到秩序的热辐射。那么这些原来存在坠落物体中的秩序与信息跑哪里去了呢？

不管宇宙中真正的黑洞会如何发展下去，一个不再吸收物质的黑洞最后的命运不外是：

（1）不会蒸发殆尽，而留下残骸（residue）；

（2）蒸发殆尽。不过假如我们能收集到其整个生命过程的辐射：

① 原则上可以找回所有之前掉进黑洞的信息（比如说，把一本书烧掉，书里的信息似乎就消失了。不过假如我们有办法把所有的轻烟和灰烬都收集起来，并且有办法监测燃烧过程的所有细节，原则上我们可以从烟灰中回复书里的信息，尽管实际上极端困难）。

② 部分信息就此在宇宙中消失。

物理学家担心的是（2）中②的情形，因为这表示很多人的吃饭工具——量子物理并不完整（主要是概率不守恒的问题），无法描述黑洞形成前到消失后的整个过程。

怎么办？众所周知，在四维时空里的量子场论和广义相对论各自就很困难了，合起来更复杂难解，根本找不到答案。因此人们转而在类似或简化的系统中寻求启发。20世纪90年代由弦论所引发的一系列对于在一维时间加一维空间中黑洞与量子场的研究，就是想要从简化的模型中，了解黑洞最后的状态。下一个话题就是这类研究成果的延伸。

黑洞互补性与防火墙

玻尔在1927年提出互补性原理，说明量子力学中互补的物理量（位置与动量）或性质（波与粒子性），是不可能同时准确测量出完整信息的。美国斯坦福大学的萨斯坎德（Leonard Susskind, 1940—）、索尔拉休斯（Larus Thorlacius）、格卢姆（John Uglum）在1993年借用这个名词，提出了黑洞互补性（BH complementarity）。他们猜测坠入黑洞的观察者与在远处永不坠入黑洞的观察者，都不可能准确测量出黑洞的完整信息。这两个观察者的测量结果可以不一致，不过由于他们最后不能互通信息，因此并不会有任何矛盾发生。荷兰乌得勒支大学的斯蒂芬斯（C. Stephens）、霍夫特（Gerard't Hooft, 1946—）、怀廷（Bernard Whiting）也在同时期提出类似的概念。

在萨斯坎德等人的计算中，他们做了四个假设：

（1）黑洞辐射总体而言处于一种（封闭系统）量子力学可以描述的状态（所谓的"纯态"）；

（2）黑洞辐射所携带的信息是从事件视界附近的延展视界

（stretched horizon）所发出，黑洞视界外的物理可用弯曲时空的量子场论来描述；

（3）对于远处的观察者来说，黑洞看来像是个具有离散"能"谱的量子系统；

（4）坠入黑洞的观察者不知不觉就通过延展视界。

这些看起来都合乎我们对黑洞物理的认识，尤其（4）——坠入黑洞的观察者通过视界时毫无感觉，乃是反复辩证下的推论。严格来讲，没有任何现实中的观察者能定义事件视界，因为事件视界要到无穷久以后的未来才能决定。所以数值模拟黑洞动力学的理论物理学家，通常用的是表观视界或类似的概念来定义黑洞的范围：黑洞的表观视界是类似球面的封闭曲面。麻烦的是，在闵可夫斯基空间中，我们也到处都可以定义表观视界，只不过此处的表观视界并非封闭曲面。对于理论物理学家来说，在纸上或计算机中判别表观视界是否为黑洞表面并不复杂，可是对于局限于宇宙一隅的局域观察者或实验者来说，通常只能看到表观视界的冰山一角，根本不能确定它是否封闭。因此受过广义相对论训练的人，很难相信渺小的我们在通过黑洞的视界时会有感觉，会知道自己已经出不去了。

但在2012年，阿尔姆海里（Ahmed Almheiri）、马罗尔夫（Donald Marolf）、波尔金斯基（Joseph Polchinski, 1954—）、萨利（James Sully）发觉，黑洞互补性的第一、第二和第四个假设，不可能同时成立。他们认为最保守的解决之道就是放弃第四个假设。也就是说，视界

第三章
黑洞

附近也许存在具有巨大能量的"防火墙"，让你不得不知道你撞到黑洞表面了。该"防火墙"（firewall）从字面上看也是道防火墙，可以摧毁所有将要掉进黑洞的物质，把信息弹回黑洞外。

在萨斯坎德等人的黑洞互补性计算与论证中，事件视界内外的量子场是完全没有关联的。而标准的弯曲时空中的量子场论就已告诉我们，只要量子场在空间中两个区域的关联硬被切开，两区域交界处的能量密度就会是无限大，也就是说，"防火墙"本来就存在于萨斯坎德等人的计算里。

不过不苟同这个观点的学者也大有人在，理由有：

（1）视界内外的关联是否要切开、要怎么切，都是问题；

（2）视界内外的无关联状态不可能一直保持，因为"防火墙"还是会和坠入的物质散射，而使墙外和墙内的自由度产生关联。之后，"防火墙"可能就减弱或消失了。

追根究底，问题还是出在黑洞中心奇点这个坏东西上。黑洞互补性与"防火墙"论证中，奇怪的部分总是被这个奇点切断的关联或散射出来的量子，但奇点的物理我们无法描述，因此这笔债也不知道该找谁去讨。

一劳永逸的解决办法是找到正确的量子引力理论，在其描述之下，黑洞中心根本就没有物理奇点。当然，哪个是正确的量子引力理论，目前学界还没有共识。一个有趣的提议是马瑟（Samir Mathur）基于弦论所引申出的想法：在星球坍塌到黑洞尺度左右时，整个系统变成一个类似中子星的致密星体，不过此星体不是由中子，而是由简并的超弦所构成。经过计算，马述尔发现它的表面刚好位于等质量黑洞的事件视界所在之处，因此根本不会有物体穿越古典的事件视界这种事，而外部的观察者也无法将它与黑洞区分。这种致密星体处在其本征态时，巨观大小是固定的，不过在小尺度下观察时，量子涨落会让其边界变得模糊（fuzzy），因此马述尔把这类星体称为"黑洞毛球"（fuzzball）。

如果超弦理论是对的，那么掉到"黑洞毛球"表面的物质，也都是由超弦所构成。这些超弦会融入"黑洞毛球"中，构成更复杂的状态。"黑洞毛球"内部没有物理奇点，信息当然也就不会消失于其中，只是像掉进其他星体一样，搅进"黑洞毛球"内。因此"黑洞毛球"要是能够完全蒸发，原来掉入的信息必然会全部回到宇宙中，虽然存在的形式可能已经大不相同。

对黑洞辐射的观测与实验

　　物理学之所以和自然哲学分家，就是执着于实验或观测可以检验的现象。因此要求黑洞熵与辐射被实验或天文观测所证实，对物理学家而言可说是最根本的价值观。

　　不幸的是，实验室中制造黑洞的能量（和风险）太高，到现在还没有人成功过。天文学家所观测到的黑洞质量又都非常非常大，因此霍金温度非常非常低（比如说像太阳一样质量的黑洞，其霍金温度约为0.0000001K，远低于宇宙微波背景辐射的温度，更别说其吸积盘中的气体温度了），这让人很难相信在天文观测中还能看到任何有关黑洞辐射的信号。所以有一阵子，黑洞辐射陷入死无对证的境地。还好到了最近几年，从模拟系统的实验结果中，大家间接地对黑洞辐射理论更有信心了。

　　20世纪80年代，安鲁在教授流体力学时忽然得到灵感。他理解到流体中的机械振动波，也就是声波，其波动方程和在弯曲时空中传播的物质波方程一样，因此流体中的声子（机械振动波的量子）可模拟为光

133

子。假如一条沟里的流体向右的流速在某一条界线之后超过声速，那么这条线之右的声波就不可能传到这条线的左边，于是这条沟最左端的麦克风就不可能收到这条界线之右的任何声音。因此这条界线和光子的事件视界相当，可以称之为声音黑洞（sonic black hole）或哑洞（dumb hole）。2010年安鲁研究群在加拿大卑诗大学（UBC）土木工程系的帮助下，做了一个古典水槽实验，证明了在流体力学中的哑洞散射出来的水波，的确可以看到模拟于黑洞辐射温度的量，尽管数值非常非常低（约10至12K）。这个实验结果让我们对黑洞辐射的正确性信心大增，虽然哑洞的熵在此无法定义。

在霍金对黑洞辐射的推导中，无限远处看到的光子似乎是当初黑洞的事件视界就要形成前，在其附近的极高频波被大量红移所致。这些光子的初始波频甚至可以高到超过普朗克尺度。因此我们可以合理地怀疑，假如量子场论的有效范围只到普朗克尺度，那么霍金已经逾越了其推导工具的有效范围。

这点在哑洞的实验中得到解决：水能用流体力学来描述的范围，最小只到水分子的尺度，再往下只能用等效的频散关系（dispersion relation），也就是波的频率和波长之间的关系来应付。尽管如此，实验中仍然看到了霍金辐射的模拟，其热辐射的性质还非常完美。安鲁对此评论说，严格无误的数学推导，在物理上不一定站得住脚。霍金不全然有物理意义的数学推导过程，还可以得到正确的物理结果，是因为黑洞辐射刚好是大尺度下的物理，和小尺度物理的细节无关。当然这也是事后才能看得出来。

　　此外，霍金在《时间简史》中对黑洞辐射描绘了一幅生动的图像：正负粒子对在事件视界附近产生，正能量的粒子跑到无限远处变成辐射的一部分，另一个粒子掉进黑洞其能量转为负，因此净效应就是黑洞把能量辐射出去，本身的质量变小。不过由声音黑洞的模拟计算可知，粒子对是产生在事件视界之外有相当距离的地方，因此霍金的图像其实并不精确。

为何世间多杞人

　　黑洞可说是广义相对论中最惊世骇俗的预测。天文学的观测，已让我们确定有目前只能用黑洞解释的天体存在，这不禁让人惊叹，人类的推理竟可以超越自己的想象力。

　　不过惊叹归惊叹，早期微小黑洞和巨大星系的交互作用，也许还和我们太阳系甚至人类的存在扯得上关系，但对人类来说，这毕竟不是切身之要。那么，到底我们继续探讨黑洞的意义在哪里？

　　作为物理学从自然哲学脱离后发展最早的领域之一，引力是目前唯一一种没有坚实量子理论的基本作用力。对于追求完美的理论物理学家而言，这个缺憾如同芒刺在背。其他领域的物理学家，可以幸福地参考实验或观测结果来跳跃到正确的理论，但引力在微观尺度下对一般量子系统的影响已十分微弱，其本身的量子效应更难以测量，这使得量子引力理论的发展极端困难。大家只好先在广义相对论和量子物理的矛盾凸显之处来找寻灵感，像黑洞或早期宇宙这类引力很强而量子效应可能不小的状况，也就成了思考实验的最佳场域。

就天文观测而言，能够观察到事件视界尺度附近的现象，不仅能进一步检验广义相对论，更有机会发现能阻止星体坍塌成黑洞的未知机制或作用力。这对物理也具有根本的重要性。而近来弦论的发展，还把一些凝聚态强关联系统以及量子色动力学在特殊情况下的物理，联结到特定时空中的黑洞解（AdS/CFT correspondence）。广义相对论的黑洞物理不但在数学上比当初预料的适用范围要大得多，而且说不定在观念上，和凝聚态物理、基本粒子与核物理之间，还有目前想象不到的互相启发之处。因此在可预见的将来，就算黑洞物理离民生应用还很遥远，人类内在对知性的追求，仍会驱使一代代的天文学家和物理学家，投入对黑洞的相关研究。

引力波与数值相对论

林俊钰　游辉樟

广义相对论与引力波

爱因斯坦于1915年发表广义相对论，写下爱因斯坦场方程，描述时空与质量（也就是能量）的交互作用。在这个目前被视为"引力的标准模型"的爱因斯坦理论下，牛顿的引力其实是能量所造成的弯曲空间表象。可以想象在一个软的弹簧床中央放一粒铅球，铅球使床面弯曲的二维空间并微微下陷的情形。这时如果扔几颗乒乓球在这个弯曲的二维床面上，且想象没有任何滚动摩擦力或空气阻力，这些乒乓球将不会走直线路径，而会偏向中央，有些直接往铅球撞去，有些绕着铅球转，有些则因为速度太快或距离太远而直接滚到外面去。每一个时刻、每一点床面的下陷程度，也就是曲率，都有些许不同。如果将这些不同时刻的二维面堆砌起来，就形成三维空间。这个概念再延伸下去，将三维空间沿第四个维度堆砌，就对应到所熟悉的四维时空。如果模拟到我们的太阳系运动，太阳（如同铅球）造成一个近乎静态的时空曲率，影响周遭行星（乒乓球）运动，这些行星的运动同样也会对邻近的时空曲率有一些小小的影响，但与太阳相比，相当微弱。

第四章

引力波与数值相对论

在爱因斯坦的解释下，牛顿引力中的运动轨迹，如掉下的苹果、星球的轨道，仅仅是那些物体顺着弯曲时空所走的最短路径。这一路径仅与物体的质量有关，而和内部结构及其他性质（如电荷，自旋等）无关。并且这个全新的引力理论，符合十年前爱因斯坦自己所提出的狭义相对论框架，不但精确地解释观测现象并通过精密实验的检验，也解决了牛顿引力中存在瞬时力的窘境。爱因斯坦理论的数学细节及计算过程也许较复杂，但他将四个基本作用力之一的引力，以几何的语言描述，使人类对"时空"本质的理解向前迈了一大步。诚如他的名言：**Everything should be made as simple as possible, but not simpler**（万物应尽可能地使其简化，直至不过简为止）。要强调这里所说的简化，并不是指计算操作上的简化，而是这个描述足够精练，并且放之四海皆准。几何，正是目前描述引力最恰当的方式。

在广义相对论发表的第二年，德国卡尔·史瓦西就在第一次世界大战的俄国前线服役中，得出爱因斯坦方程在真空中的球对称解，描述任意球对称天体所造成的时空。这就是史瓦西黑洞，一个物质集中在足够小的区域后，经引力坍塌所形成的致密物体，所造成的曲率连光也无法脱离。黑洞的概念在18世纪后期就出现了，但直到1967年，约翰·惠勒才灵光一闪提出黑洞一词。由于黑洞的概念太过不可思议，而且在黑洞中心的奇点暗示着所有物理定律在那失效，因此黑洞的真实性一直备受争议。不过物理学家仍然很快地将广义相对论的纯数学结果应用在天文与宇宙的尺度上，并以新的时空概念来讨论宇宙演化。爱因斯坦方程中的宇宙常数，就是爱因斯坦自己所加入的扩张项，以抵消宇宙物质自己的引力而维持他认为的静态的宇宙。史瓦西黑洞也推广到带有自旋（1963年）甚至带电荷（1965年）的系统，后来都对应到实际上可能的天文实体。1964年后对来自天鹅座强大的X射线信号的观测，与最近对银河系中心人马座邻近星体运动轨迹的分析，更加支持了黑洞的存在，

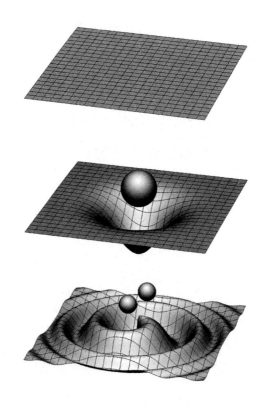

图 4-1　二维的弯曲平面示意图
由左至右分别为真空的平坦空间、质量所造成的静态弯曲空间、
与两物体互绕所造成包含引力波的动态时空。

并推测大部分的星系中心都可能存在百万倍太阳质量的黑洞。以现代的恒星演化模型来看，那些密度与原子核相当的致密星体，如黑洞、中子星及白矮星等，是大质量恒星燃烧殆尽后的结果，但对于20世纪初的科学家简直难以想象，特别是当时原子核的概念才刚被卢瑟福（Ernest Rutherfood, 1871—1937）提出。

再回到刚刚的弹簧床例子中，假设这时的铅球重重地摔在床面中央，床面会开始震动，每一点的曲率发生周期性变化，并且如涟漪般向外传递，这种时空曲率的波动即是引力波。但请注意这仅是帮助理解的图像，并不十分准确。因为铅球坠到床面上产生的震荡，对一个只有三维时空概念的生物而言，就好像是由一团反复凭空出现又消失的质量所造成，直接推广到我们的四维时空是违反能量守恒的。严格来说，引力波主要是由质量的"四极矩"（quadruple）加速变化所产生[1]，如非柱状对称物体的转动，或双星系统。张开双臂原地旋转也会产生引力波，不过远远小于天文上恒星尺度运动所造成的引力辐射。

在广义相对论发表的第二年，爱因斯坦发现，他的引力场方程在弱

---

[1]　引力的"荷"为能量，因此由于能量守恒，单极辐射不存在。再者，不像电磁力的来源有正电荷与负电荷，引力只有一种正"荷"，因此引力的"偶极"不过是质量在非质心坐标的表象，总可以在一个平移坐标下，始得偶极矩为零，这也反映了动量守恒。因此引力辐射至少由四极矩加速变化所产生。对互绕的双质点系统，四极矩可约略视为垂直于波源转动轴的转动惯量。

引力场近似下具有波动特性，正如电荷的加速会辐射出电磁波一样，质量的加速（确切地说，是质量四极矩的加速变化）也会辐射出引力波。这两种截然不同类型的波，它们的传播都需要时间，同样以光速传递能量、动量与角动量，符合狭义相对论中的因果概念，并非像牛顿引力理论下的实时传递。想象太阳突然从世界消失（虽然这违反能量守恒），生活在地球上的我们也需要相隔约八分钟才会感受到太阳消失后引力的变化。

　　新形态的辐射意味着新的观测媒介。让我们回顾历史，天文观测除了让我们能看得愈远、看到更古老的宇宙，全新的观测方式总是带来令人惊奇的结果及革命性的影响。伽利略在1609年以自制望远镜开启天文光学观测新页，20世纪30年代的詹斯基（Karl Jansky, 1905—1950）所做的银河系无线电观测，及20世纪50年代X射线观测与20世纪60年代后的伽马射线观测，每一次的技术突破都带来意外的发现，呈现出的宇宙图像远比肉眼下的更加活跃激烈，而且还给出各种不同方面的信息，如无线电波带来类星体、脉冲星与宇宙微波辐射，提供黑洞、中子星及大爆炸的余晖等观测上的证据，或伽马射线反应出恒星内部以及超新星爆炸的信息等。这些发现的累积让人们汇整出更丰富的宇宙样貌与演化史，并且描绘出其背后形成的神秘机制。这些高能天文物理现象，往往伴随着高质量、高密度的物质与极其强大引力场的相互作用，因此随着观测技术的突破，广义相对论的精确时空描述也变得更为重要，扮演着探索未知宇宙的向导。而另一方面，远处的星空也成为检验广义相对论或其他基本理论的绝佳场所，测试我们对基本物理学的认识。幸运的是，目前我们正处在另一次突破的关键时刻：除了电磁波观测，以及最近宇宙射线或微中子侦测，引力波测量即将开启探索宇宙的另一扇窗，让我们得以一窥宇宙深处的各种惊奇现象。

人们从怀疑黑洞这样的奇特物体的存在开始，到终于获得间接的观测证据；从生怕黑洞奇点的存在，让所有物理定律失效，到尝试提出各种解释来弥补该理论上的矛盾——一代代的科学家们不断努力突破未知的边界，提升了人类文明的高度。中子星的概念，最早也是从解释恒星能量如何产生的问题开始，而在20世纪30年代所做的大胆假设，现在也早已成为恒星演化的标准模型。在那一段各种新现象、新理论交错混杂、晦涩不明的时代，相对论与核物理各自在极大与极小的尺度下摸索时空与物质的本质，并逐渐归纳出愈来愈宏观的图像。而将近一个世纪引力波理论的发展，在经历近半个世纪的观测研究，也将在日后的大型观测与模拟计算中获得直接证实与天文应用。

如何观测引力波？

　　引力波经过时会影响局部时空的曲率，而曲率的改变会反应在坐标间长度或角度的几何性质测量。引力波振幅大小正比于长度的变化比率 $\Delta L/L$，也称作引力应变（gravitational strain）。这种测量不是局域的，没有任何一个实验可以测量"某一点"的引力，因为局部的引力效应，与加速度所造成的惯性力完全无法区分，就好像电梯上升的瞬间，我们会感到体重变重一样，这就是等效原理。真正可观测的引力效应是潮汐力，即物体因为引力影响，在质心坐标下受到正交两方向的收缩及扩张，就好像地球表面的海水受到月球影响，在不同地方形成的涨潮与退潮一般。引力波是一种横波，波的前进方向垂直于其所造成的长度变化——假设平面引力波穿出纸面以z轴传递，引力波的潮汐力会使如图 4-2环形排列的测试质量分别在x轴与y轴扩张与压缩，并且在一个周期内重复两次。它还与电磁波一样，有两个偏振方向，只是引力波的偏振方向差别45度，并非90度。

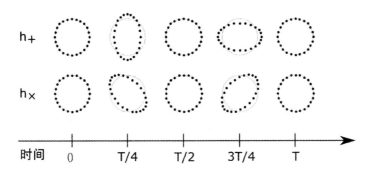

图 4-2 环形排列的测试质量在两种偏振方向之引力波下的影响

可以想象这种效应非常微弱，即便是发生在银河系边缘的双中子星碰撞所产生的引力波，传递到地球的振幅也已小到10^{-17}以下。在如此微弱的影响下，一千米的长度变化也不超过原子核半径的大小。而人为的质量加速所造成的引力波，除了振幅微不足道外，爱因斯坦方程的非线性性质也让近距离的引力波定义不那么明确。因此，观测上引力波波源主要来自于天文中的激烈现象。

第一个引力波的间接证据来自于脉冲双星轨道的观测。脉冲星是一种高速旋转的中子星，它的磁极与旋转轴有一定的偏角，并发出强大的无线电波，当此电波像灯塔般扫过地球时，便会产生非常稳定的脉冲信号，英国科学家在1967年首次观察到这样的脉冲信号。如果脉冲星与伴星形成双星系统，科学家可借由观测信号的多普勒效应推算双星轨道，进一步计算双星的距离、公转周期、轨道面方向、质量等参数。1974年起，休斯（Russell Alan Hulse, 1950— ）与泰勒（Joseph Taylor,

1941—）在波多黎各的阿雷西博无线电天文台观测到来自脉冲双星的稳定信号，其双星轨道因引力辐射损失能量，互绕愈来愈快、愈来愈近。迄今数十年的观测中，他们证实了周期的减少速度与广义相对论的预测完全符合，差别小于百分之一，也因此获得了1993年的诺贝尔物理学奖。预计三亿年后，这个脉冲双星系统将会碰撞、融合成孤独的中子星或者黑洞。

20世纪60年代，马里兰大学的约瑟夫·韦伯（Joseph Weber, 1919—2000）首次尝试以共振圆柱探测器来直接观测引力波。他将对广义相对论的兴趣转化为行动，利用休假期间，与惠勒研究引力波，并且设计观测方法。他的引力波探测器是一个两米长，一米宽的铝制圆柱，共振频率约在1 660赫兹，利用表面的压电材料来判断圆柱是否因引力波影响变形而产生电流。韦伯准备了两个相距约1 000千米的侦测器，分别位于马里兰大学与伊利诺伊州的阿勒冈国家实验室，并在1973年间宣称探测到来自银河系中心的引力波信号，超出预期的事例数，甚至让当时的科学界怀疑现有理论。因此，他的发现与资料分析严谨度逐渐遭受挑战，目前科学界也认为，以当时的灵敏度并不足以观测到信号，而是他的分析方法过于粗糙。但无论如何，韦伯的大胆尝试启发了后来的引力波探测，从20世纪60年代到2000年初期，更精良的共振型的引力波探测计划陆续成形，并形成全球引力波观测组织与探测器网络。

共振圆柱形探测器的结构简单，实验规模较小，但是较窄的带宽为其致命伤。所以自20世纪60年代开始，科学家就已在思考以迈克尔逊

（Albert Abraham Michelson, 1852—1931）激光干涉仪来测量引力波对测试质量所造成的潮汐力。干涉仪利用光的相位干涉测量微小距离变化：激光经由分光镜分为两束，如图4-3所示，分别在两个反射镜所组成的共振腔中反射数百次后，再沿原路回到分光镜合并，产生干涉条纹。

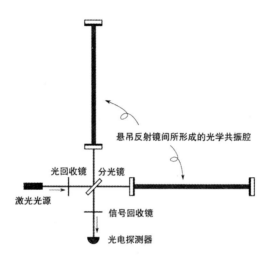

图 4-3 激光干涉仪引力波探测器示意图

其中的光回收镜可将反射回光源的能量再反射到共振腔内减少激光损耗，而信号回收镜为一组可微调干涉信号的组件，得以调控探测器的灵敏区间，如当切换到窄频模式，就更适合观测特定频率如旋转中子星的单频引力波。共振腔可使光程增加数百倍并提高灵敏度。在没有扰动的理想情况下，两束光的相位刚好抵消，而引力波经过会改变干涉仪两臂的长度，并产生干涉条纹。与共振圆柱探测器不同，激光干涉仪规模较大、无论是建置与运作都涉及庞大的团队。自20世纪80年代开始，科学家利用40米以下的小型干涉仪来发展大型干涉仪观测所需的技术与工具，并且自20世纪90年代起，开始规划千米等级的地面大型激光干涉仪引力波观测站（LIGO），电影《星际效应》的科学顾问基普·索恩就在那个时代扮演重要的推手之一。引力波激光干涉仪的主要组件包含数百瓦的稳频激光系统，与作为测试质量的反射镜，并通过各种光学、电子及机械的减噪技术，将噪声尽可能降低：激光的路径上维持一兆分之一的大气压的真空来减少散射，并进一步应用多级单摆悬吊反射镜减少来自地面的震动影响，甚至连镜子的镀膜与悬吊线也要仔细设计，以防止因激光所造成的热扰动。这些设计甚至使得干涉仪号称比太空站中还要稳定，但同时也容易受到其他非引力波所造成的噪声干扰，因此辨识各种噪声的特征，得以正确地读出由引力波所造成的震动信号，成为校正干涉仪的最重要步骤之一。噪声（shot noise）主要来自于反射镜的震动与信号读出的统计误差。其中，反射镜的震动可能来自于镜子及其悬吊线的热扰动、镜子上激光压造成的量子扰动、附近繁忙的铁路公路与空中交通、远处伐木工人的作业、地震、数百千米外的海岸受到波浪拍打，甚至反射镜附近数十米内的人员走动时双脚交错运动所形成的引力波，也会产生秒周期的低频噪声。至于信号的统计误差，可以借着增加激光强度来压抑，但这同时也增加了由光压造成的镜面扰动，无法兼顾，形成所谓的量子极限。目前克服量子极限的方法，是利用压缩态（Squeezed state）激光：不同于一般同调态的激光，量子噪声不随时间改变，压缩态的量子噪声会被"挤压"到某些特定相位区间，所以，只要固定在那些量子噪声较小相位区间做测量，就可望突破量子极限。噪声每减少10倍，相当于观测距离增加10倍，也就是增加1 000倍的可观测空间。

实际的观测原理，其实比单纯地根据干涉条纹反推长度变化复杂一些：研究员首先需要仔细对准激光，确保千米等级长度的激光腔维持共振，一旦达到共振状态，回馈控制系统会根据干涉条纹的变化，以电磁微致动器推动反射镜，随时抵消任何振动，确保整座干涉仪维持共振。而真正的引力波信号，就隐藏在这些回馈控制信号中，留待科学家如大海捞针般解析出来。

几个地面与太空干涉仪的噪声曲线可由图4-4看出，其中纵轴是引力应变的功率谱密度，横轴为频率。只要预计的引力波信号大于干涉仪的噪声曲线，就可能被观测到。地面干涉仪最灵敏的观测区间约在数百赫兹上下，大约是具有恒星质量大小的双黑洞碰撞前的引力波频段。有些特别突出的尖锐窄频信号是来自于仪器中特定模式的噪声，容易与实际引力波信号混淆，如表面不平整的中子星的稳定旋转所产生的单频信号，因此辨识与校调仪器本身的灵敏度特性就变得非常重要。

20世纪90年代后期，第一代的引力波干涉仪陆续兴建，包含美国华盛顿州与路易斯安那州的两座引力波侦测器LIGO、意大利的Virgo、德国的GEO600、日本的TAMA300。干涉仪网络除了能增加信号的可信度，也强化了干涉仪的方位指向性。这是因为天文上的引力波波长通常与波源的尺度相当，甚至远大于千米尺度的干涉仪，因此单一干涉仪对

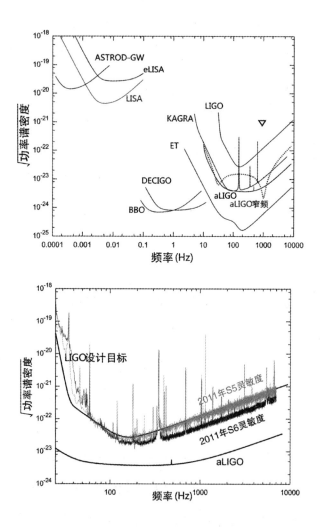

图 4-4 上图为第一代至第三代的地面干涉仪（右方高频段区域），以及未来太空干涉仪（中低频段）的噪声曲线示意图。其中右方的三角点标示着最先进的低温共振型探测器性能，作为参考。下图为第一代地面干涉仪LIGO在早期运作所达成的实际噪声曲线图，已优于原先的设计目标。当波源所造成的引力应变的功率谱密度高于图中的噪声强度，就有机会在该频段中被观测到。

来源的分辨率通常都会很低。第一代干涉仪网络对波源方向的定位能力仅仅能达到约数十度的解析程度；相比之下，天文上的电磁波波长通常远小于波源的尺度（如星云与吸积盘），因此能拥有动辄角秒以下的分辨率。

从2002年起，LIGO已经开始撷取数据，并在2005年起，达到了设计灵敏度要求。第五次（2007年底结束）与第六次运行（2010年底结束）的结果虽然没有侦测到引力波，但确定了技术上确实可测量到预期中异常微小的距离变化，同时能对现有的理论模型做出更强的限制。例如，巨蟹星云脉冲星的自旋衰减程度，与引力波背景辐射强度。其中引力波背景也可能来自于宇宙暴胀，或来自银河系内许多白矮星双星碰撞所造成的引力波总和，并预计于2020年前达到规划的灵敏度，逐步将双中子星碰撞事件的观测范围提高到预期的4亿到6亿光年，涵盖区域比室女座星系团还大。即使在最悲观的情况下，天文学家也预期每年能发生一个双中子星合并的事件，乐观的话还能有百倍以上的机会侦测到来自中子星的引力波。

目前全球的引力波干涉仪已陆续升级，包含激光功率的增加，避震系统、反射镜与悬吊系统的改进等，称为第二代干涉仪网络，全球包含aLIGO、aVirgo、印度的IndIGO（规划中），以及急起直追的日本KAGRA计划，灵敏度与观测半径预计可提高10倍，意味着观测范围可提高至千倍，并可将波源定位在几度之内的区间，因此极可能在2020年前观测到频率介于10到10 000赫兹的双中子星或双黑洞的引力波信号。欧盟也已开始规划名为爱因斯坦望远镜（Einstein Telescope）的第三代地面探测器，试图再将热扰动与地面震动降低，辅以低温设计，带宽可增大为1到10 000赫兹，在数百赫兹左右的灵敏度甚至可达到10^{-25}。LIGO的第三代侦测器计划，LIGO Voyager与Cosmic explorer，预计还可以侦测到位于较低频段的中等质量黑洞活动，这些中等质量黑洞在天文上可能与一些超亮X射线光源有关。

在太空引力波干涉仪方面，欧洲太空总署的LISA计划，将由三艘宇宙飞船组成正三角形，边长距离约250万千米的编队（相当于6.5倍地月距离），在地球后面保持队形跟着绕太阳公转，如图4-5所示。由于距离太远，LISA使用主动式激光而非反射镜测量距离，由主宇宙飞船发送激光，待另外两艘宇宙飞船约8秒钟接收到后，分别再发射同相位的激光回主宇宙飞船比对相位。虽然这仅仅只有一百亿分之一的能量能够被接收，但干涉仪却可感测到百分之一纳米精度的距离变化，相当于十分之一的原子尺度。为了这个看似科幻小说的计划能顺利进行，它的先期测试任务LISA pathfinder已于2015年12月3日升空（距离广义相对论的发表一百年又一天），测试无拖曳惯性飞行（drag-free）及光学组件在单一宇宙飞船内能否预期运作。同时，美国太空总署也决定重新加入LISA计划，当初为了因应美国在2011年的退出而缩减的两道激光臂设计，可望再还原为三道激光臂，形成三座独立干涉仪。与地面干涉仪不同的是，太空干涉仪主要的观测区间落在更低的频率范围，约万分之一到一赫兹，主要目标如超大质量黑洞系统碰撞融合时所产生的引力波，及高质量比的双星系统。

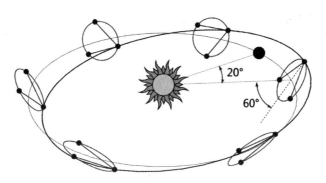

图 4-5 太空引力波激光干涉仪的轨道示意图
除了跟随在地球后面的编队外，图中也显示一年的
轨道运行中其他五个时间点的编队位置。

科学家们更宏观的计划是进行引力波多信息观测，结合其他太空或地面的各种观测设备，来描绘宇宙的图像。如微中子探测计划（ANTARES Collaboration、超级神冈探测器、冰立方微中子天文台等），光学观测，伽马射线、X射线、无线电等其他电磁波段的观测。例如目前美国太空总署运作中的雨燕观测卫星（Swift），可大范围侦测伽马射线暴（Gamma ray burst, GRB），并在侦测后数十秒内将X光镜头转动至定位并追踪后续X光余晖，方位精确度可达角秒等级。同时，地面光学及无线电望远镜也进行后续观测，这些可见光与红外线余晖也可能与这些剧烈活动后形成的重元素衰变有关。未来，引力波观测也将加入这个网络中，分析来源的方位、距离与形态，并拼凑出相关天体的演化历史。

引力波捎来宇宙的信息

　　电磁波是电磁场在时空上振荡传播，而引力波则是时空本身的振荡，因此对于引力波是否真的是物理上有意义的波，或仅仅是坐标的效应，早期仍有争议。直到20世纪60年代科学家推导出双星系统的引力辐射，以及20世纪70年代休斯与泰勒的脉冲双星观测，才使得科学家认真看待引力波的存在。电磁波易于产生与控制，从1865年麦克斯韦（James Clerk Maxwell, 1831—1879）的电磁波理论预测，到赫兹（Heinrich Hertz, 1857—1894）的实验验证，过程不到四分之一世纪，并于19世纪末就开始应用在无线通信上。通过实验，人们很快掌握电磁波性质。而对电磁波的天文观测也已深入银河系中心，以寻找行星、记录恒星的生与死。相对而言，对实验室内的引力波进行操控几乎不可能。因此，天文观测成为唯一的试验场：我们被动地等待来自远方星系巨大质量的同调运动所产生的引力波，并且聆听它捎来的信息，揭示宇宙深处甚至是宇宙诞生之初最剧烈的大爆炸事件。不像电磁波，引力波与其他物质的作用极小，不会轻易地被吸收或散射，因此几乎可不受干扰地通过各种形态的介质，带来深埋在事件深处的信息，如超新星爆炸的内核坍塌。因此天文观测对引力波而言，既是应用，也是重要的研究工具，可以反映出与电磁波观测互补的信息。

在引力波波形研究中，最典型的应该就是双黑洞系统了。黑洞是广义相对论中最神秘，却也是最单纯的物体，它不具备内部结构，只需要以质量、角动量与电荷三个参数即可描述，而且它们的动力学仅牵涉时空演化，不须考虑其他物质的运动方程式。当然，在实际的天体中，黑洞周遭多半会围绕着星际等离子等物质，并且伴随着物质吸积过程产生各种电磁辐射。天文上，黑洞的质量范围很广，从恒星质量级黑洞（5到数十个太阳质量），中等质量级黑洞，到超大质量级黑洞（10万至100亿太阳质量），并且有愈来愈多的观测暗示，许多星系的中央都有超大质量级黑洞或其双黑洞系统，如银河系中央就存在着400万太阳质量的黑洞。

双黑洞系统以近乎圆形轨道互绕旋入（Inspiral）、碰撞融合（merger），最后趋于稳定（Ringdown），产生的引力波如图4-6所示，每互绕一圈会产生出两个周期的引力波。当双黑洞距离足够远时，互绕的速度远小于光速，此时的运动近似于牛顿引力之描述，除了轨道半径因微弱的引力辐射而逐渐缩小，此时的引力波是振幅及频率都逐渐上升的单调周期波；等到双黑洞旋入了临界距离，大约为事件视界（event horizon）半径的8倍时，轨道速度接近光速，这时引力的强大潮汐力使它们顷刻间撕裂崩溃，并融合成单一黑洞，产生振幅最大的引力波。一个10倍太阳质量的黑洞双星临界距离约为200千米，融合过程仅为数百毫秒。最后，融合后的震荡黑洞将逐渐静默成为静态黑洞，此时的引力波逐渐减小，且频率约为与质量成反比的自然振动频率。波形反映了双星的质量、自旋、自转周期、轨道面，以及方位等信息。整个过程中，大约3%的质量会转变成引力波辐射出去，因此最后的黑洞质量略小于融合前的双黑洞质量总和。如果双黑洞的大小或自旋不同，这种不对称性也会让引力波所带走的动量在各方向不均匀，使最终黑洞获得反冲速度，并飘离最初的质心位置，甚至可能脱离原先的星系，形成孤单黑洞。双黑洞初始的圆形轨道是相当合理的假设，因为就算原本是扁长的椭圆轨道，每当双星距离愈靠近时，辐射出的引力波能量愈大，也会使轨道偏心率逐渐降低，逐渐近似成圆形轨道，这种现象就称为引力圆化效应。对于双黑洞融合阶段的波形描述，直到2005年才首度计算出来，相比于牛顿力学中双体运动的圆锥曲线解析解，双黑洞系统——广义相对论中最简单的双体运动的完整轨迹则需要依赖计算机的计算。

中子星与黑洞都是恒星演化的产物，它们也可能形成双星系统，辐射出更复杂的引力波波形，并且蕴藏了中子星内部结构的信息。中子星的密度可高达每立方厘米10^{15}克，几乎是原子核的密度，就像一个太阳被压缩成直径为台北市的大小，如此高密度的物质几乎不可能在实验室内实现，因此，它们的性质仍待深入研究。这些致密双星系统在天文上的分布不容易估计，根据目前的观测数据与统计模型估计，每百万年中

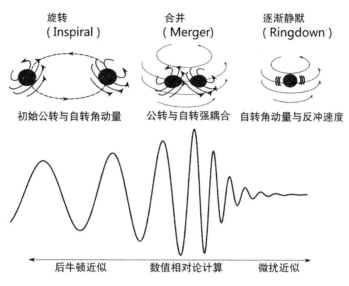

旋转
（Inspiral）

合并
（Merger）

逐渐静默
（Ringdown）

初始公转与自转角动量　　公转与自转强耦合　自转角动量与反冲速度

后牛顿近似　　　数值相对论计算　微扰近似

图 4-6　双黑洞互绕旋进、碰撞合并并逐渐
静默的完整引力波波形

会有数百个双中子星系统在类似银河系的星系中碰撞。而黑洞中子星双星碰撞的发生率就更不确定了，估计小了100倍。第二代地面引力波干涉仪aLIGO每年约可观测到10个双中子星或一个黑洞中子星双星的碰撞信号。这些致密双星碰撞也许可解释强烈的伽马射线暴（GRB）的来源，或关联到宇宙中重元素的形成与分布，而它们所产生的引力波也可能用来推论暗物质的分布情况。引力波干涉仪直接测量引力波振幅，而非强度，因此理论上可独立计算天体亮度距离，不需依赖其他的天文测距方式，如视差或依赖变星等标准烛光的方法，且有效距离可以涵盖更广。伽马射线暴是冷战时期的1967年意外发现的。当时美国的"船帆卫星"本来的目的是要侦测苏联核试验所产生的高能辐射，却意外接收到

外层空间的高窄q信号。目前每年大约可观测一两百个伽马射线暴，并有差异极大的亮度曲线。根据不同的形成机制，这些信号可持续长达数小时，又或短至不到两秒钟。目前普遍认为，前者来自于大质量恒星坍塌形成超新星的过程，而后者可能来自于黑洞或中子星等致密星体的碰撞融合，不过两者都伴随着自两极喷发的高能量粒子与辐射喷流。短伽马射线暴的瞬间能量甚至可达10^{44}到10^{47}瓦，几乎是整个银河系一世纪中所释放的总能量，是个绝佳的大自然高能实验室。如果刚好在银河系内爆发，巨大的能量将可能对地球造成灾难。科学家还无法确定如此巨大能量的详细生成机制，不过这个系统将是个绝佳的大自然观测样本：双星碰撞产生引力波后，形成朝着地球而来的高能量粒子与辐射喷流，并可持续数秒，或长达数小时。随着喷流逐渐减弱，较低能量的X射线、可见光或无线电余晖，可再持续数天甚至数个月，这一系列的观测将有助于厘清完整的致密双星演化历程。

天文上的电磁波频率约从无线电频段10^7赫兹起向上延伸二十个数量级，天文上的引力波频率很恰巧地也横跨约二十个量级，从极低频10^{-18}赫兹起向上延伸。不同的天文现象，对应到不同频段及幅度的引力波，需要不同的观测工具。引力波波形及性质难以通过地面实验研究，所以，科学家寻找天文现象所对应的引力波，并以理论或模拟建立引力波波形数据库，以准备未来的精确观测并反推波源的性质。

极低频10^{-15}赫兹以下的引力波是由宇宙暴胀所放大的原始引力波，三千万光年以上的波长尺度大约与室女座星系团相当，是宇宙中最大

第四章
引力波与数值相对论

的结构，在这个尺度以上的宇宙看起来几乎是均匀的。原始引力波会使微波背景辐射的光子具有带漩涡状的B模式偏振，而同样被放大的密度扰动只会造成线性偏振。2014年3月，南极的BICEP2实验宣称首次测量到 B 模式偏振，虽然后来认为该结果仅是来自于银河系尘埃的影响，并非由引力波造成，但未来更精密的测量将提供宇宙暴胀理论有力证据。

超低频10^{-9}到10^{-7}赫兹，波长约在1光年之谱的引力波，可能是由宇宙早期暴胀降温的相变所造成。宇宙相变可能会造成臆测中的宇宙弦或如结晶般的边界，这些宇宙弦碰撞断裂的过程会形成引力波。超大质量双黑洞系统也出现在这个频段。超低频段的测量主要通过脉冲星计时数组，通过地面无线电望远镜持续追踪脉冲星信号扰动，来反推经过的引力波。脉冲星的信号十分稳定，可媲美原子钟，频率约从1毫秒到10秒间。已知的脉冲星约有2 400多颗，目前全球有三个主要的脉冲星计时数组，分别位于欧洲、北美，以及澳大利亚的新南威尔士。中国的500米口径无线电望远镜（FAST）以及未来位于南非、澳大利亚的平方公里数组（SKA）也即将加入全球脉冲星计时数组。

从10^{-4}赫兹到1赫兹是太空引力波干涉仪主要的观测区段。有几个波源是可以确定的，如银河系内已知的白矮双星互绕，或正经历吸积过程，包含白矮星或中子星的双星系统，这些引力波可以由广义相对论的弱场近似计算。另外，银河系内还有很多分布不对称的白矮双星，由于数量太多无法分辨，因此只能从统计上得出类似噪声的背景贡献，这些

161

不对称会使背景引力波出现特定的统计特性，也成为判断白矮双星分布的工具。低频引力波可能也来自于百万太阳质量黑洞的碰撞融合，或超大质量恒星坍塌爆炸所形成的脉冲波。特别是，当坍塌爆炸的过程中损失大量质量，非球对称的不稳定性可能造成较长的引力波信号。另外，恒星质量星体环绕超大质量黑洞的长周期轨道也会产生低频引力波，由于大部分星系中心都可能有超大质量黑洞，因此这种可能性很高，也是太空干涉仪的主要目标之一。干涉仪也可观测到不同频段的原始引力波随机背景：与仪器本身的噪声不同，不同地点的引力波随机背景是相关的，因此计算不同干涉仪信号的相关性，即可得出真正的引力波背景。太空中没有干涉仪网络，但LISA还是可以借由三艘宇宙飞船的信号相关性分析出引力波背景。

最后，从10赫兹到10 000赫兹的高频引力波来自相对较小的星体活动，如恒星质量级的黑洞中子星等致密星体在最后一小时的旋入碰撞融合阶段、太阳质量大小之恒星坍塌、超新星爆炸及不对称的高速旋转中子星。

科学家也可利用已知中子星的脉冲周期来辅助引力波观测，如巨蟹星云中的无线电脉冲星。除了会发射无线电波的脉冲中子星外，一般的双中子星并不容易以传统天文学观测，遑论双黑洞系统。带有伴星的中子星，其强大的引力场会撕裂并吸引伴星物质形成吸积盘并产生X光，当质量够大时就会形成黑洞。双中子星合并也被认为是短伽马射线的来源，并且形成比铁还要重的元素。事实上，除了氢、氦两种轻元素外，其他较重的元素都是由这些极端强引力场下的过程产生，没有这些事件，生命赖以存在的元素也难以出现。这些双星系统有希望以引力波信号定位出来，并估计在宇宙中的发生率。

数值相对论：计算宇宙的奥秘

广义相对论提供了现代天文学与宇宙学相当扎实的理论基础。为了描述黑洞或中子星等致密星体碰撞、超新星爆炸，以及它们的精确引力波波形，我们需要了解爱因斯坦方程的性质与长期演化结果。爱因斯坦方程是非线性的多变量耦合方程，即使是最简单的双黑洞演化问题也难有解析解，而需要依赖数值模拟，并衍生出数值相对论。在数值计算上一个大问题是，如何在形式上为四维的爱因斯坦方程中，解读出空间与时间两个概念。毕竟自从1905年的狭义相对论发表后，所有物理定律都可用四维时空之协变（张量）形式表示，使得在不同惯性坐标下所看到的物理定律都具有一样的数学形式，即使物理现象看起来很不一样。譬如，在雨中奔跑，垂直下落的雨滴好像往前扑来，或如移动坐标中的静电场看起来是磁场一般。这个问题在经过了近半个世纪后，有了明确解释，形式上四维的爱因斯坦方程，终于被拆解成较明确的三维空间的演化方程。在这样的表示下，四维时空可任意被"切割"成三维空间的堆砌，不同的切法由四个参数所描述，分别代表相邻切片的时间间隔与空间坐标平移。一旦知道某一初始切片的三维内禀曲率及它的"速度"（即是三维切片的外禀曲率，描述该曲面如何镶嵌在四维下），并设定下一相邻切片的四个参数，爱因斯坦方程就能决定接下来的演化结果。无论怎么切，拼凑起来都可重建成相同的四维时空。这也意味着，坐标只是一种标记，不会影响到时空的几何性质。如果以一条白吐司作为三维空间的例子，可以选择漂亮地切成每一片宽度相同的二维片，也可以切得歪七扭八，但都能拼凑成原来的一整条白吐司，具有唯一的三维性质。图4-7显示地月公转系统中最简单的切片。

另一个概念上的问题为三维初始切片的选择。以双黑洞系统初始切片为例，计算机无法直接处理黑洞中心发散（无限大）的奇点。另外，不像真空电磁场的麦克斯韦理论，广义相对论是完全非线性的：直接将两个史瓦西黑洞解相加，并不等于双黑洞系统初始时空，除非双黑洞相距无限远。而没有好的初始条件，就不可能模拟出正确的结果。所以在20世纪70年代前，当多黑洞的时空解还无法计算，科学家用相当简化的初始条件来模拟双黑洞碰撞的过程，例如，以特殊虫洞解，连接两个相距不远的黑洞，来近似天文上的双黑洞系统互撞。据估计，这种迎头互撞的黑洞系统可释放出约千分之一总质量的引力辐射。这样的系统其实可视为史瓦西黑洞的微扰态，后来在1994年以近距离极限近似计算也可得到类似结果，但这种近似远远小于后来实际的模拟结果。

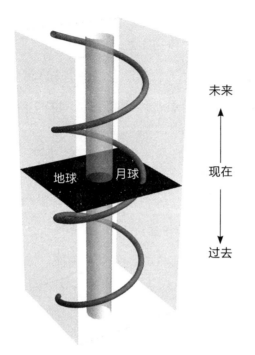

图 4-7 地月公转所形成的四维时空可表示
为三维空间沿着时间方向的切片

对于奇点的处理，则需要充分利用黑洞事件视界的特性。在古典理论下，黑洞的事件视界是一个环绕黑洞的球面，一旦掉入，虽然仍可以接收外界信息，但无法传出任何信息，它的内部可说是完全独立于我们所处的外部宇宙。既然所有的信息只进不出，因此在数值上，只要能大约确定它的位置，就可直接忽略并挖除事件视界内部来进行黑洞演化。虽然这个方法在概念上很直接，但计算上牵涉到较特殊的处理，因此有另外所谓的穿刺法。它的想法是，既然事件视界内部完全独立于我们的宇宙，那数学上可以建构一个很有想象力的解，就是将黑洞与另一个宇宙的白洞结合起来。当然，这能否以实验证实是另一回事，但至少这代表着黑洞的奇点不过是另一端宇宙的无限远区域，在那儿的时空不存在无限大的问题，数值上，这样的处理直接且有效。目前穿刺法与挖除法是处理奇点的主流方法，另外也有以复变函数的解析延拓原理来避免奇点的尝试，虽然相当精致漂亮，但要推广到较复杂的系统可能需要更多研究。

在1995年前，即使最简单的单黑洞模拟计算也只能稳定持续很短的时间，对于十倍太阳质量的单一静态黑洞系统，还不到半秒钟，这着实困扰了当时的科学家，就好像气象预报只能预测下一秒钟一样的没有意义。人们逐渐了解，这并非数值方法的问题：将连续的演化方程写成离散数值方程的动作并没问题，问题在于演化方程式天生的不稳定，使得在目前计算机的架构下，仅能保存约十六位有效位数，因此微小的舍入误差，也会迅速以指数成长并破坏计算结果。如果日后有人能发明一台可处理无限位数的计算机，这个问题也许就不会发生了。当然科学家不会做这样的等待：1995年，日本与美国的物理学家分别提出BSSN演化方程（这是以四位发明者的姓名前缀命名）。数学上，它与原来的爱因斯坦方程等价，再配合适当的时空切片，会有较好的数值表现，误差也因方程本身隐含的耗散作用减少。在此之后的发展大抵上豁然开朗：第一个三维双黑洞对撞在1999年实现，2004年有了第一个互绕旋入碰撞前的完整轨道，并在一年后，加州理工学院、美国太空总署与得克萨斯州大学三个研究群分别发表完整的双黑洞旋入、碰撞、融合的引力波波形。数值相对论领域愈臻成熟，以大型计算机丛集进行长时间黑洞仿真已为常态，相当于一台个人计算机数年的计算量。科学家持续考虑更实际、更复杂的相对论电磁流体问题，期望描述黑洞吸积盘系统、中子星黑洞演化、超新星爆炸过程等，以研究喷流机制、引力波与电磁波耦合可能机制，以及强引力场下的基本物理研究。

技术上，数值相对论与流体、电磁场等模拟计算并无二致，都在处理耦合偏微分方程式的时间演化，除了前者牵涉到较多物理量与高度非线性的性质外，引力波测量需在离波源较远处的平坦时空中才有意义，符合弱场近似要求，因此需要较大的计算区域，以同时包含波源动力学与辐射区。这两个尺度甚至可以差到1 000倍以上，因此，为了在有限计算量涵盖这么大的区域，通常使用多层网格细化方法，在需要高分辨率的区域铺设层层较细的网格以节省计算，如靠近黑洞的地方。以十层网格为例，每层分辨率差1倍，就可以涵盖约1 000倍大的尺度。我们可以粗略地估计三维真空黑洞仿真的计算量与内存空间需求：需要记录的物理量约有近200个分量，包含三维切面的内禀、外禀曲率以及描述三维面切法的四个参数及其他辅助量，若每方向以128个格点描述，总共约需要近30G字节；考虑最简单的二阶数值方法，每一格点的演化只与相邻点有关，那演化方程上的每一点约需5 000次的浮点运算。通常需要进行10 000步的模拟，这样的总计算量约为200千兆次浮点运算，以目前（GHz）等级的中央处理器核心为例，每秒约可进行100亿次浮点运算，这样也需要将近半年的计算，若以100个核心的丛集计算机也需约一个星期才可完成。

数值相对论在引力波观测上扮演独特的角色，因为它是唯一可以计算出完整引力波波形的工具。这些精确波形将作为波形模板，与引力波干涉仪侦测器的观测信号做交叉比对，以判断是否观测到引力波，以及比对波源的性质。就好像潜水艇接收声呐信号后，利用声纹数据库比对来辨识敌舰，又好像利用指纹比对来辨识罪犯。随着引力波干涉仪精度增加，数值相对论的角色也逐渐从定性到定量，对模拟波形振幅及相位的误差要求更高，目前四阶有限差分的计算分别约可得出千分之一的相对误差，而精度提高意味着所需的信噪比成反比降低（由于引力波不易与其他物质发生作用，因此信噪比只与波源、距离以及干涉仪性能有关，天文学家就可根据天文事件预期事例数来估计观测到引力波的概率）。除了精确度之外，波形的数量也是挑战，单单一个双黑洞波形的参数空间至少有七个维度，包含质量比、自旋等，即使每个维度只取10个代表点，波形模板数量也很惊人。因此，除了数据的降维技术等其他近似方法，庞大计算量不可避免。未来的太空引力波干涉仪所需模板数量可达到百万的数量级。如果考虑包含物质的中子星系统，情况又更复杂了，包含电磁场、状态方程、光子、微中子传输方程、辐射传输等热效应，参数空间更大，若再考虑各种可能的中子星内部物质模型与参数，"维度的诅咒"势必带来计算的挑战，并驱动对更有效率的参数搜寻的研究发展。

　　针对双黑洞的互绕旋入、碰撞及融合波形，最直接的近似方式是搭配后牛顿方法及近距离极限方法，分别以理论计算前期互绕旋入与后期融合波形，再结合数值计算出的中段碰撞波形。德国爱因斯坦研究所在2002年后所进行的"拉撒路计划"就是这个尝试，他们借用拉撒路死而复活的《圣经》故事，生动地描述理论微扰近似在碰撞时失效，却又在融合晚期回复的过程。目前的数值计算更加成熟，可提供更完整的中段波形，使整段波形更加准确。

　　从2006年起，数值相对论逐渐开始与引力波数据分析研究群建立共同语言。并在2009年后，开始正视理论或数值波形在引力波干涉仪观测中扮演的角色，此时引力波干涉仪观测已进行一段时间了，并且正要开始第六次接近一年的科学运行。其主要目标是希望结合解析与数值波形、整合研究群间的数值模拟结果、尝试建立通用的引力波数据交换格式，最重要的是将数值波形应用到地面干涉仪的观测与测试。在这一次的运行中，观测团队秘密地将仿真引力波信号"注入"到干涉仪网络中，人为地制造反射镜的移动以产生假信号，来测试数据分析团队是否能侦测出来。数据分析团队的确独立地发现了人为仿真的双黑洞碰撞信号，并且通知合作的天文台追踪该天区的后续发展，甚至还准备发表论文了。这种类似演习的盲目测试，在现代的复杂实验中是相当必要的，由于引力波观测将是前所未有的发现，宁愿错过疑似信号，也要避免误判噪声为引力波信号的可能。

　　除了以观测为导向的数值波形研究，另外一部分的数值相对论研究

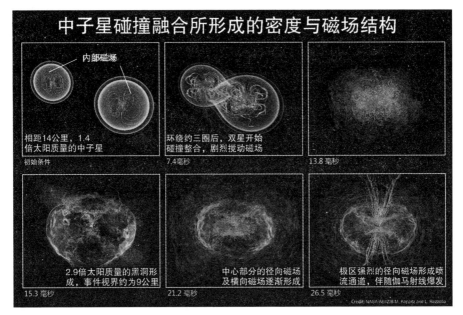

图 4-8 耗时将近两个月中子星碰撞模拟

在这个历时不到30毫秒的绚丽过程，显示中子星融合并形成黑洞后的瞬间，以白色线条表示的磁场迅速增强并从两极延伸出去。（感谢NASA/AEI/ZIB, M. Koppitz and L. Rezzolla授权图片使用）

则更着重在基本物理课题，并试图解开目前尚不清楚的天文物理机制。

其中一个2008年的例子，是关于粒子高速对撞形成黑洞的可能性。根据20世纪70年代基普·索恩的圆环猜想，黑洞的形成需要将足够多的质量（即能量）集中在史瓦西半径大小的球面内（史瓦西半径与质量成正比，地球质量大小的史瓦西半径只有约9毫米）。而接近光速的粒子有足够多的动能，因此融合的能量团会有足够大的史瓦西半径，并形成黑洞，这个模拟支持了古典的圆环猜想。这也是为何有些人会担心目前世界上的大型粒子加速器实验中，这类的微小黑洞产生的可能性并吞噬周遭物质毁灭世界。不过，还好科学家有另一套理论，说明这些微黑洞会被迅速蒸发掉。

最复杂的广义相对论模拟应该是包含中子星的碰撞了，牵涉到引力、电磁力及各种复杂物质状态的交互作用，这些高温高压的极端物质状态，也是高能物理或凝聚态物理领域最前沿的研究课题，甚至难以在实验室中研究，而来自深远太空的引力波可能会提供一些线索。早在中子发现前的20世纪30年代，科学家就猜测恒星内部必定有相当致密的中子核心，以支撑向心的引力坍塌。我们现在了解恒星的能量来源是核融合过程，而这一个臆测中的中子核实际上是巨大恒星死亡的结果。届时核融合将停止产生向外的压力，自此引力逐渐主宰一切，使星球核心向内坍塌并触发更剧烈的核反应，并因最后一次的膨胀或爆炸中失去大部分的质量，形成白矮星、中子星或黑洞。约小于8个太阳质量的恒星会形成白矮星，最重可达1.4个太阳质量；而小于30个太阳质量的恒星会形成中子星，更大的则变成黑洞。中子星的质量极限约在1.5至3个太阳质量，这么大的不确定性源自于未知的内部组成物质。这个不确定也反映在中子星碰撞后会形成更大的中子星还是形成黑洞的疑问。2005年，日本京都大学的仿真显示中子星碰撞合并前所产生引力波波形特征，会反映出内部组成物质的信息，这个计算再度建立起深空宏观现象与微观物质世界的联系。在宇宙中，中子星碰撞比双黑洞还要频繁，据估计，在一亿五千万光年内，大约是整个室女座星系团范围内的中子星碰撞，都有机会被地面干涉仪观测到。一旦观测到约3 000赫兹并持续十分之一秒的信号，就可更加确定中子星的质量下限，并检验目前的理论模型。

现在的计算机仿真已逐渐细致到能让科学家更定量地讨论极端天文现象，如双星碰撞并产生短伽马射线暴。在最近2011年的模拟中，首次重现了直径约十几千米的双中子星碰撞融合成黑洞，并产生喷流的过程。图4-8中，在融合后的瞬间，磁场从一团混乱的炽热物质中逐渐增加至地球磁场的1 000兆倍，并且向两极形成类似漏斗的狭窄通道，形成高能量喷流。最近的双黑洞系统与吸积盘的演化模拟中也观察到类似结果。虽然目前模拟的喷流能量仍远低于观测值，但还是可以提供电磁波与引力波的相关性，作为引力波天文学观测的先导研究。

引力波天文学的未来

    2016年2月11日，LIGO团队正式宣布观测到了引力波事件——GW150914。这是人类第一次直接听到来自深空的引力波，也代表了爱因斯坦最后一个理论预测在百年后的实现。这个强烈引力波信号来自13亿年前某个瞬间的双黑洞碰撞。两个几乎不自转、约30倍太阳质量的黑洞，可能因为某个绚丽而未知的过程形成双星系统，然后趋于平淡，以近似于牛顿力学的克卜勒轨道互绕了数百万甚至数亿年。但缓慢辐射出的引力波，使得双黑洞愈来愈靠近，速度愈来愈快，最后在相距不到一千千米，大约是黑洞半径4.5倍的距离时，强引力场使它们的轨道变得极端不稳定，并在顷刻间毁灭性碰撞，融合成一个带有自转的黑洞，蜷缩于宇宙的一角。整个历时不到半秒钟的碰撞过程，引力波辐射频率从35赫兹攀升到250赫兹，并经历13亿年的传递后，在北京时间2015年9月14日傍晚到达地球。碰撞的瞬间释放约三个太阳的能量，强度几乎超过全宇宙所有恒星的耗散功率。很凑巧地，这一个不太自转的双黑洞环绕、碰撞与融合过程，恰恰是最单纯、也是过去半个世纪研究最彻底的广义相对论双体系统。

　　发现信号的当晚，aLIGO才刚经历完一系列的测试，研究人员与学生们决定提早收工，让干涉仪处于"工程阶段"运行，此时离正式运作时间还有四天。不久前，激光干涉仪之父韦斯（Rainer Weiss）甚至还提议暂缓上线，以彻底检查激光调变系统对全观测频段造成的零星噪声。好在这个建议没被采纳，不然就错过了人类与引力波的第一次接触。在这次戏剧性的观测中，信号异常强烈，几乎可直接以肉眼看出，如图4-9所示，因此大家甚至怀疑这不过又是另一次如2010年的"演习"。即使如此，实际上仍需大量分析与波形匹配计算，才可定量估计误判率以及双黑洞参数。之后四个月内的第一阶段科学运作总共观测到"2.5"个信号，而那"半个"信号——LVT151012，是因为它偏离噪声达不到两个标准偏差，远低于科学发现所要求的"五个标准偏差"（误判率约为三百五十万分之一）的统计显著度。也就是说这"半"个信号，有四十分之一的可能性只是噪声。2016年11月开始的第二阶段观测又发现了第三个发生在30亿光年之外传来的引力波信号，是目前观测到最远的双黑洞碰撞事件。

　　未来将会经常性地观测到引力波，这不仅仅只是满足理论上的预测，也展示了人类已能精密地测量一种与电磁波全然不同的宇宙信息载体。目前三个引力波的观测都支持双黑洞系统，以及数十个太阳质量等级的"中质量"黑洞存在——这对天文学家算是个不小的惊奇。一方面，位于银河系中心的超大黑洞（百万太阳质量）已有强烈的观测证

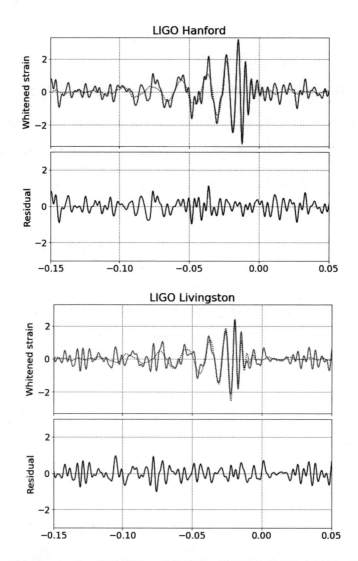

图 4-9　引力波GW150914事件附近0.2秒的波形，纵轴代表引力应变振幅，约在10⁻¹⁸左右，此处以标准偏差为单位表示。上半部分别为LIGO Hanford与Livingston干涉仪的实际波形（实线）与理论模板（虚线）。两座干涉仪的观测值与波形模板的差值（实线减去虚线，如下半图）几乎互为不相干的噪声，因此科学家才能有信心地宣称该信号并非局部噪声，而是真的引力波信号。（数据源：LIGO Open Science Center）

据；另一方面，X射线双星（主星是黑洞或中子星，逐渐吞噬伴星的质量）的观测也证实了不少恒星等级的"正常黑洞"（十几个太阳质量），与现有的恒星演化模型相符。这个惊奇却引发了另外一个困难，就是这些"中质量"双黑洞到底是如何形成的？在宇宙中的分布与发生频率又为何？它们的存在是否与目前的标准恒星演化模型抵触？这些关于自然现象的前世、今生、未来，向来都是科学家喜欢思考的课题，也算是科学家的一种浪漫情怀。2017年8月1日，VIRGO刚宣布加入LIGO的观测网，这让引力波的研究前景更为乐观；我们可以期待，下一阶段的观测网将会带来更多惊喜。随着侦测灵敏度的提高，也许在不久的将来，我们就可以听到来自双中子星以及其他奇异星体的信号，甚至能对暗物质的分布与成因，提出更自然的解释。

目前，中国、欧洲、日本等国的引力波太空计划也持续进行着。中国科学院的太极计划与中国中山大学的天琴太空引力波探测计划都在规划中。太极的规模宏大，预计运行在太阳的同步轨道，目标为探测0.1毫赫兹到1赫兹的引力波。而天琴计划则着重于观测一个特定已知的短周期白矮星双星系统的引力波特性。LISA计划书已于2017年1月提交至欧洲太空总署的计划日程中，而美国太空总署也在引力波发现后的热潮中重新加入LISA计划。

这一波的发现仅仅是引力波研究的开端，在这三个双黑洞碰撞事件的观测后，未来结合传统天文学的多信息引力波观测将准备颠覆人们的想象。位于美国、意大利、日本和印度的第二代干涉仪网络将于未来的十多年中陆续形成更大的观测网并逐步达到设计灵敏度。太空干涉仪观测信号将会提供来自较重的黑洞的低频引力波特性，或者双黑洞互绕的早期低频的详细过程，与地面干涉仪观测搭配后，将会得到黑洞演化的完整历程。而计划中的第三代引力波干涉仪网络，可望于二三十年后，有能力聆听到宇宙中自从第一颗恒星演化完成后所有的双黑洞事件。面对即将迈进引力波天文学的新时代，各种研究社群持续投入引力波物理研究。无论是从传统的理论面向切入，研究引力、时空的本质，还是从天文应用的角度，分析观测数据、探讨强场下的未知现象，抑或是卷起衣袖，投入探测器的设计、改进，甚至创新，等等。

"研究，就是不断在已知的边界上往未知探索"。相比于一百多年前电磁波理论的提出、验证及实际应用，引力波探索之路显然艰辛多了。在成为探测宇宙的新一道窗之前，仍有许多理论、工程挑战，等待新一代的科学家克服。

本文从引力波理论开始谈起，简述引力波观测的发展、天文上的重要性，以及数值相对论计算的进展，并以最近引力波观测结果与未来发展作为结尾。我们试图呈现自广义相对论提出以来的一个世纪，科学家从不确定到怀抱希望地联合寻找引力波的过程。引力的研究始于人们对行星轨道观测，牛顿与爱因斯坦的洞察力将之表达为极简的数学语言；在不远的将来，对深空的观测将不断检验现有理论。即使最终的结果出乎预期，借由全球协同的科学观测以及日臻完备的理论与模拟计算，人类也将累积探索的经验与对自然的洞察力。为了解开宇宙的运作法则，从不同领域的角度抽丝剥茧，看似互相独立发展的各种研究领域，最终似乎仍自然地收敛在一起。至于将来引力波的实际应用，更是挑战人类想象的极限。

第五章

物理中的时空概念

江祖永

说起时间和空间，一般人都觉得知道它是什么；若要把这个"是什么"说清楚，倒会让人觉得很为难。对于没有受过严格科学训练的人来说，所有的直观的物理概念，莫不如此。然而学过物理以及训练有素的科学工作者，却往往对什么是某个物理概念的纯直观内容、什么是该概念在现有（特定）理论及思维模式下的抽象内容以及偏见，混淆不清。熟悉的东西容易被看成自然而然的，这种偏见会让我们难以走出现有理论的局限。

　　本文的读者，大概也都知道爱因斯坦改变了我们对时间和空间的认识。他的狭义相对论把两者合而为一——时空；他的广义相对论说，时空一般是弯曲的，它的曲率对应引力的大小。爱因斯坦相对论中的时空概念与一般人对时空的认识好像有一定的距离，如果你曾经满怀热诚地向一位没有学过物理的长辈解释其中的时空概念，就一定对之有深刻的体会。然而，你可曾认真审视过时空概念在人类的认识中，在物理学的发展中，曾经历过怎样的改变？

第五章
物理中的时空概念

简单地说，基础物理的每一个重大突破都伴随着我们对时空新的认识，都改变它作为物理概念的内涵；而对时空更深入、更进一步的认识从来都是基础物理的重要工作之一。至少从我个人的观点来看，在当下这个"更进一步"基本上是指更小的尺度——所谓"量子时空"。就着本文，我尝试跟大家分享一些自己在这方面的想法；然而作为一个科学工作者，我倒要提醒读者留意想法跟物理理论，以及哲学思考跟科学分析的分界。我们最期望能做到的是，给年轻与热爱基础科学的读者一些如何探讨物理的抽象理论观念的启示。

从牛顿开始

　　谈到物理，大家都会想到牛顿。牛顿所完成建构的力学体系是理论物理的第一座基石，甚至曾被视为一切科学理论以及任何人类可靠知识的典范。力学要描述的是运动，运动就是一个物体的空间位置随时间的改变。所以描述运动不能不先描述时空；要对运动有一定程度的理解，不得不先对时空有一定的认识。牛顿力学的时空观是什么？它又从何而来？在牛顿的理论里面他告诉了我们吗？事实上，在牛顿的力学定律里，有一个清晰的空间概念，该概念在他的力学理论结构中有着关键的角色。牛顿的时间概念可以算是直观的，它是完全独立于空间的。

　　为什么牛顿的时间概念"可以算是直观的"？那空间呢？我要说牛顿的空间概念不怎么可以算是直观的吗？"可以算是直观的"又是什么意思？是指牛顿的时间概念也不完全是纯直观的吗？何谓直观？直观的就一定是对的吗？反过来说，违反直观的就一定是不对的吗？

　　何谓直观？思维可分为形象思维和抽象思维，物理中的所谓直观，应属形象思维，是直接的，如有"形"可"观"的"事物"。然而，单纯

第五章
物理中的时空概念

的直观没有精确内容。本文中我们谈的主要是物理概念的直观性。物理学中如时间和空间等的一些概念，听来都只是纯直观的，日常生活中的概念，在个别物理理论中却被赋予了额外的精确数学内容，这些精确内容作为物理概念的直观性以及正确性必须被小心检视。数学哲学中的直观主义者认为数学活动是直观的，那是指（抽象）数学推理的正确性判定，与我们谈物理概念无关；事实上，他们倒是认为数学的正确性，基本上是全然独立于任何物理事物的。

大家都知道有时间、有空间，都觉得大概知道时间、空间是什么；重点就在"觉得"与"大概"二词。直观像一种感觉，它是大概的、含糊的，而不是清晰精确的；感觉因人而异，"直"不"直"要看是谁在"观"。对一个数学家或一个物理学家而言属于直观的东西，对一般人来说不见得直观。这超出一般的直观能力和感觉，是可以通过训练而获得的。因此，我们可以说直观有一般自然并接近于常识的，以及通过训练而来的两种。显然，前者才是我们在讨论一个物理概念的合理性时，值得参考的自然的直观；而后者的获得，是学有所成，增长了我们对某些抽象理论的领会，却往往成为我们寻找及认识新理论的障碍，一个我们必须跳出的框框。当然，常识本身也有由特定文化的"训练而来"的偏见；现代科学主要来自西方，许多西方文化传统的偏见，也渗透其中。

如果仅凭简单自然直观可以深入认识宇宙万物，我们就不需要抽象思维，不需要语言。抽象思维就是符号思维，语言即是一种用于思考与沟通的符号系统；数学作为精确的符号系统，是理论科学的语言。自然直观基本上错不到哪里去，正因为它是含糊而不直接联结到任何抽象思维的，并因此可以跟各种抽象内容兼容。包含特定抽象内容的概念，则最多只能属于通过训练而获得的直观。

我在上面讲了那么多有关"直观"的讨论，目的在于指出大多数物理学者以为牛顿力学的好些概念是自然直观的，却忘了它有着一些特定的抽象理论及数学内容。我们的接受数理训练也许让我们觉得这些抽象数学内容非常直观，然而它只是牛顿物理的偏见，或是往昔的思维局限。该偏见早已成为近一个世纪以来我们理解量子物理的一大障碍，遑论量子时空。源自西方数学与科学传统的牛顿力学时空观，包含抽象几何的内容。几何本来就是研究空间性质的数学。在牛顿的时代，人们只知道欧几里得几何；牛顿认定物理空间为一个三维的欧几里得几何结构，并以它为一个背景舞台——物体在该空间中运动，而空间完全不受影响。所有这些都应当接受挑战，空间的几何性质以及它在运动中，在物理中的角色，必须通过实验来回答。从这个角度来说，爱因斯坦的相对论已经为后牛顿时代的经典物理学引进了许多修正，在解释无数微观尺度实验结果非常成功的量子物理时，则遇到了尚未得到妥善全面回应的巨大挑战。

质"点"是主角

牛顿认为空间乃物理实体，但该空间只是个静态背景，不参与运动，不具有任何力学性质。牛顿物理真正重要的物理实体是所谓粒子，更正确地说是质点，除了空间以外，所有的物体都是由质点组成的。牛顿粒子是质点，就是有质量的点。作为一个几何上的点，它却是没有大小的，更准确地说，它是无穷小的。

我常常跟人们说，为什么以质点为力学的唯一基本物理实体，是牛顿的智慧所在，也是一个要理解牛顿力学的理论架构以及它的局限的关键问题。讲质点并不自然，我们描述的运动是有大小的物体，从来没有人见过一个无穷小的物体，也没有实验以它为对象。我们根本没有任何经验理由相信物理世界中存在无穷小的物体。那又为何是一个点？简单地说，点是欧几里得几何的基本数学元素，因此它是牛顿的年代要给出空间位置的数学描述所需的。一个点对应一个最基本的位置，一个有大小的物体在空间中占据无数这样的基本位置，此物体的位置反变得不好描述。抽象的数学思考把直观概念具体化、量化，从而精确化，然而，这也限制了物理的思考。人们可以说，同是物理实体，空间既然是无穷小的点组成的，相信无穷小而有物理性质的质点组成物质，不也挺自然的吗？

首先，这其实是在理论中把数学结构硬套到物理世界，而背离了科学精神。进一步说，这是相当彻底地相信"真理必能以数学描述"的结果，从希腊而来的"万物皆数"观念，亦是贯穿整个理论物理的信念，这甚至跟牛顿那个年代学者们的宗教信仰有关。比如说，基督文化中确实有这么一个信念，上帝既然让我们能想到无穷小与无穷大这样的东西，它们就必然在他所创造的世界中存在。然而，即使我们该完全信任数学，那个年代的数学家们对数学空间的认识就不会有错漏吗？历史证明那时候的几何思考太狭隘了。

牛顿力学对实数性质的依赖不仅在空间的欧几里得几何，他发明的微分和积分正是处理他的力学问题所需。运动有快慢之别，牛顿以实数量化的时间为本，通过微分定义瞬间速度与加速度，才能完成他对运动的描述。没有积分他则无从统合无数无穷小的质点的运动以描述一个有大小的物体的运动，那他的力学理论事实上便无用武之地。然而，谁又能保证时间能以实数量化？一个实数表示的时间点真的对应我们所谓一个时间吗？对于那些脑袋不曾让数学的实数连续性思考所"侵占"的人们而言，这实数时间算什么直观？说到底，牛顿时间的数学，不过也就是个一维的欧几里得几何吧。

虽然现代社会的人们或多或少都知道有关实数的一些概念，但实数的整体，尤其是里面所有无理数，在数学上也没那么容易明确定义，持不同哲学观点的数学家对其有效定义还有争论。我们都对小数感到熟悉，但随便一个小数点后有无限多个数字而不能被写为一个分数的无理数，其实不是一般人能直观认识的；任意两个实数点之间还有无限多个实数点，这句话也并非容易理解。时空是实数点的排列，所有的物理量皆有实数值，这是怎样的自然直观呢？

再进一步说，如果没有无穷小的质点，我们将无从通过任何物理程序来探究空间的欧几里得几何结构。如此，该几何结构就永远只是我们的一个想法而已。牛顿力学在应用上的成效，显示了它的时空观至少是一个很好的近似描述，它在原子尺度的挫败，却理当促使我们重新思考，在微观尺度真正有效的时空几何模型。

从另一方面来看，牛顿物理的逻辑并不见得必须以空间为实体，绝不变动也不作用于别的物理实体的东西毕竟不太像个实体。牛顿的想法没有被普遍接受，应不足为奇。从亚里士多德以降的传统里都没有把时间或空间看作一个实体。洛克（J. Locke, 1632—1704）认为空间仅是现实的东西的规定，而莱布尼茨（G. Leibniz, 1646—1716）倒认为它是现实的东西的关系。笛卡尔（R. Descartes, 1596—1650）以及波动理论大师惠更斯皆极力批驳牛顿的想法。

哲学家康德（I. Kant, 1724—1804）花了12年探讨从莱布尼茨到牛顿的观点，最后的结论却说空间是先验知识，是人加到经验或直观对象上去的形式，而且是直观对象之所以能成立的前提逻辑条件。康德认识论的所谓"先验知识"，亦即"绝对独立于一切经验的知识"。他认为，空间与时间是有别于"经验直观"的"纯粹直观"。康德说："空间与时间两者是一切感性直观的纯形式，正是它们使得先天综合命题成为可能。"只有把感觉（质料）和形式（空间与时间）两者结合起来，才能有感性知识。既然对时空的"认识"本身与经验无关，也无需通过任何感觉，它就应该不能算是科学的内容。我们是先有该"认识"才能用经验去获得其他知识，该"认识"本身是自然不可能被否定的。康德也认为纯数学是先天综合判断，而物理空间有欧几里得几何的性质，也同样被看作是无需验证的必然，可以说我们不可能不这样认定。

牛顿独排众议，认定"空间是物理实体"，在今天来看，倒是他的睿智所在。以下我们将看到，广义相对论和量子场论成功地确认了时空作为物理实体的角色，它甚至应该说是唯一的物理实体。

还须一提的是，牛顿的时间是绝对的，也就是说时间的流逝跟一切物理过程、空间位置以及参照坐标无关。爱因斯坦的狭义相对论破除了绝对时间的观点。实验证明，时间确实与量测的参照坐标有关，一个物理过程所需的时间，其值随着参照坐标的改换而变更。说到底，无论人们身在何处及正在做什么，时间皆以相同的速率流逝，这个观点不见得真的符合一般人的纯直观感觉吧。

弯曲的时空与场

康德确实是他那个时代西方学术的集大成者，曾几何时，所有的人类知识好像都可以放在他的完整架构下。可是康德之后，数学家却发现了非欧几里得几何。非欧几里得几何依旧是有实数坐标的，但它可以是弯曲的，它的整体不一定能以单一实数坐标系来覆盖。球体的表面就是弯曲空间最好的例子，此表面本身就是一个可以自己独立存在，并且可以直接而不需要作为整个球以及整个包含这个球在内的物理空间的一部分来被描述的数学空间。这种弯曲的空间，属于非欧几里得几何。

空间的曲率甚至可以是处处不同的，欧几里得几何只是曲率处处皆为零的特例。既然曲率为零只是所有可能的几何中的一个特例，我们可以合理地质疑，我们凭什么认定物理时空不具有不为零的曲率？非欧几里得几何的先驱鲍耶（J. Bolyai, 1802—1860），以及它完整理论的奠基者黎曼，就已经有这种质疑；史瓦西甚至早在1900年就在测量物理空间的曲率。然而，如果物理时空是弯曲的，该曲率的物理意义又是什么？由什么决定？爱因斯坦的广义相对论给了我们完整的答案——物质在其中的分布决定了时空如何弯曲，时空的曲率就是引力场的一个表现，它引导物质如何运动。

回到物理的发展，麦克斯韦整合的电磁场理论提出了光作为电磁波的特性，它的传播速度是有限的。该理论无法跟牛顿力学以及怎样都量不出光在不同运动坐标的传播速度之差的实验结果和平共存。爱因斯坦发现了问题的症结所在：牛顿绝对时间的认定是不对的。容许在不同参照坐标里时间有不同的值，我们就能够让质点力学和电磁场论共存。

在这里，光速变成了时间与空间值的关系，爱因斯坦狭义相对论可以说是把时间囊括到空间里，这个四维的数学空间是伪欧几里得的，曲率仍为零，时间只是我们这个四维物理时空实数坐标值的其中一个。由此，三维物理空间与时间在整个时空中的定位，随坐标选取而变更。这里考虑的有效坐标系仍是牛顿的惯性坐标系，只有坐标变换的数学与牛顿理论有别，且必须把时间坐标包含进去。

惯性坐标系之间是没有相对加速度的，但是在两组有单一相对加速度的坐标系中，如何判定哪一组才是惯性坐标系呢？如果我们没有加速度的绝对参考标准，就不得不考虑有加速度的参照坐标系，那就是广义相对论。牛顿力学中，物体有加速度表示其有受力，若是坐标变换会更改其加速度，其受力状况的描述亦必随之而变。爱因斯坦看到这个受力就是引力，从而物体在不同参照坐标看到不同的引力，表示引力就是时空结构性质的一个表现；引力的源做成时空的弯曲，物体在时空中只是顺着其弯曲结构运动。数学家以度规（metric）描述几何结构，它告诉我们在对应参照坐标中如何判断距离。若度规在不同的点值恒定不变，就是（伪）欧几里得几何，曲率则由度规的梯度所决定。因此，时空几何的度规正是爱因斯坦的引力场。

因此，引力场的动力学也就是时空几何的动力学。就如同电荷是电磁场的源，引力场也有它的源：物体质量是引力场的源，但引力场也是它本身的源。事实上所有的场均带有能量及动量，更精确地说，一个场就是时空中一个具有特定性质的能量及动量密度的分布，后者总是引力场的源，所以引力才是万有的。

作为时空度规的引力场永远不可能为零，所以我们可以说不存在没有引力场的时空。狭义相对论的闵可夫斯基度规可以说是最简单的度规，它即对应没有引力。事实上在古典场论中，力来自场的梯度，任何恒量的场皆没有梯度，任何恒量的引力场皆看不到引力效应。时空的曲率，简单地说，也就是由其度规梯度所决定的；闵可夫斯基度规的梯度致使曲率处处为零。

时空处处有度规，它就是描述时空几何结构的引力场，那不就应该说引力场就是（有几何结构的）时空，时空就是引力场吗？如此说来，时空几何有其动力学，表示我们同时修正了牛顿时空观的另一个重要内容，时空不是静态的背景，这个舞台跟它的演员—— 物质是有互动的。一个有着能量及动量的场居然是个物理实体，由此，时空作为物理实体，遂被确立下来。

有场论便毋需质点

让我们认真检视我们的两种物理实体——作为一般物质的质点和引力场／时空。作为一个古典场论，广义相对论中的引力场跟物质其实应该说是一体两面的。古典引力物理的研究中，更多的是研究一个引力场本身，而一个黑洞的引力场，难道不是一种物质吗？难道不能说它是一个物体吗？黑洞却不能说是由质点组成的？然而在极远处看，一个黑洞却像是个质点；或是说一个很小的黑洞，看来蛮像个质点。

反过来说，一个质点必在一个时空中，它自己就是引力场的源，我们可以说此质点在它周围的空间做成了一个引力场，它是这个引力场中的一个奇点，在那（时空）点上这场的值以及能量的密度均达到无限大。黑洞的中心也有个奇点，事实上一个黑洞在其视界外的引力场，跟一个质点外的引力场完全没有两样。质点不过就像是个没有视界的"黑洞"，一个有奇点为中心的球对称的引力场。广义相对论可以说是告诉我们，所有物体都只是一个能量、动量在时空上的分布，基本上是个引力场，有些分布会有奇点，一个奇点可能为视界所包含，也可能没有。

第五章

物理中的时空概念

上面的讨论，让我们获得这样的新观点——场论，尤其是引力场论，其实已包含任何物体的可能性在内；所有物理实体都是个引力场 / 时空（的一个区域），不同的只是该引力场有没有奇点等性质。更进一步说，还需要看该时空上有没有能量动量及引力作用以外的性质，比方说它是否有电荷，抑或有电磁相互作用。而且尽管黑洞的存在，是如恒星坍塌之类的物理所预言且有一定观察证据的，但质点的状况全然不同。有了场论能量、动量密度分布的概念，质点作为描述物体基本（空间）结构的角色已被取代，物体的质心点位置可从分布得出；实验上，最多也只能有我们还量不出大小的物体。质量应被看作能量、动量的一个描述，这是狭义相对论中已有的那最知名的公式 $E = mc^2$ ——质量是能量存在的一种形态，物体的能量除掉动量的能（动能）剩下的部分。假若不存在无穷小质点，我们就无从通过实验去测量时空那无穷小的基本点结构，后者就变成空中楼阁；然而就是真有质点，要精确地看其结构，还是要无穷小的精确度，所以实际上也并不可行。

应该补充的是，若时空上有电荷或电磁场时，我们确实需要把它们看作不同的物体。尽管作为整体的时空仅有一个——我们的宇宙，其不同的区域可以对应不同的物体，如没有电荷也不跟电荷有相互作用的、没有电荷却跟电荷有相互作用的（电磁场）及有电荷的；甚至于还必须区分其电荷与质量的不同比率。这里我们是从逻辑角度来辩说，有场论其实便再毋需质点作为不同于场的所谓物质；不论电磁场或引力场，也应该被看作一种物质，像有电荷的电子，不管有没有大小也完全可以用一个电子场（或说带有电荷的引力场）来描述。当然古典物理并没有这样做，到物理真正能研究微观世界，才发现不得不如此。

至原子尺度以降，古典物理已为量子物理所取代；到量子场论，更给予时空另一个新面貌，其间质点概念的有效性，也同时受到更大的冲击。广义相对论的时空观作为对牛顿时空观的修正，其改变于时空的几何结构方面，在今天的物理与数学来看其实还算是小的；在物理方面，它远不足以让我们理解量子世界。不论曲率为何，这非欧几里得几何仍然是以实数为其基本结构的，数学上它仍然是点的连续统。这是古典物理的几何，我们可称之为古典几何；量子物理大抵需要一种量子几何。从数学上来看，随着上世纪代数几何的发展，数学家已发现了不以实数为本的几何，也就是非古典的几何，即所谓非交换几何。要看看两者可能的关系，我们得先谈谈量子物理。

量子物理像要改变一切

经历了几乎整整一个世纪的努力后，今天物理学界里再没有几个人怀疑量子力学的正确性，或相信量子力学描述的一些"怪"象应该要有某种古典物理的解释。然而，我们还把这些量子现象称之为"怪"，正因为我们还没有训练出一点对它的直观，事实上我们当中的大多数人还把这些量子现象看作违反自然直观，甚至违反常理。

教科书中的量子力学确实是一个血统非常不纯的"怪物"，它基本上是滥用牛顿古典物理的语言以及牛顿的时空观，来描述一个量子世界。缺乏一个完整而真正跟它匹配的量子时空观让它怪得难以理解，仿佛不可理喻。一个典型的情况如下：我们被告知，一个量子系统只有当它是在其所谓位置算符一个本征态时，它才有坐标具备实数值的一个位置，一般不是在本征态的就不具有这种单一的位置，而是在各个不同本征值代表的"位置"上有个分布概率。

我们对此做位置的测量，会按照分布概率每次得到不同的本征值作为那一次的答案，对那本征态的测量才会百分之百得到那本征值作为唯一答案。以玻尔为首的哥本哈根学派说得很清楚，一个测量所得的本征值的确定，是测量过程本身所做成的，测量使那量子态跟测量仪器产生相互作用，强迫原来的量子态按照那分布概率变成一个对应的本征态。有关所有这些，引发了许许多多的争论，甚至有"没有人看的时候月亮在不在"般的问题——如此这般的量子物理，怎么不怪！怎能不违反直观！

哥本哈根学派只为我们提供测量答案的描述，却没有给我们一个测量的理论，更没有讲清楚测量过程的物理。玻尔倒是一再强调，我们的测量过程是在要求量子态对它的一些像位置这样的属性给予一个古典答案。在这一点上，我认为玻尔的观点是非常深刻的。我们只要想一想位置这样的物理属性，不一定能有古典的、以单一实数代表的答案，它没有合理的古典答案，也许恰恰正告诉我们古典物理在这方面的想法不符合微观世界的物理现实；那不就是说我们需要超越古典物理思考的量子观点，超越古典的量子概念，以至一个几何上不以实数为本的量子时空观吗？

我们讲的测量，至少是我们习惯想到的测量过程，也就如玻尔他们所强调，要求一个像古典物理假定的实数答案作为仪器的读数。然而说到底，测量应只是我们利用一些我们熟识并能操控的物体（我们的仪器），跟我们要量的物体发生相互作用，来获取有关该物体的一些信息的实验程序而已。所以玻尔他们谈的测量，可称为古典测量，只能给我们以实数为本的古典信息。假若我们要的是量子信息，应可以执行一种量子测量程序，获取不对应实数的另一种答案。只是我们过去的实验都在做古典测量，并且还不大懂得如何运用量子信息罢了。

让我们再详细检视，用古典概念与实数值来描述微观世界还有多怪。我们可以设想一个典型的所谓"基本粒子"——电子。电子的古典图像，是个带电荷的质点，它有固定的质量和电荷，并且有对应它的各个不同的（古典）态的实数值的能量、动量和位置。作为电磁场和引力场的源，电子所处时空中一定距离外的电磁场和引力场，其实跟它是否为一个质点没有关系，只决定于那范围内能量、动量和电荷的总量。

如上所述，在古典场论中电子毋需是个质点，也许是个带有电荷分布的引力场；而且那分布有没有引力场以及电磁场的奇点，我们必须在它的中心点旁边量才能判断。然而，看它中心点的旁边表示要看微观尺度，也就会看到它的量子特性。在量子力学的描述中，电子的（量子）态如果不刚好是个位置的本征态，根本没有一个古典几何中的特定位置可言，只能是个概率分布。

更有趣的是，如果它是个位置的本征态，就不可能有特定动量，只能有动量的概率分布。再者，不要说是位置的本征态，只要一个量子态位置的概率分布在某瞬间只在一个有限的空间范围不为零，相对论量子力学告诉我们下一瞬间它必然在远处也为零；这意味着物理信息会以高于光速传递，有违相对论。这里的结论是，相对论量子力学根本不容许一个对应只存在于有限空间范围的位置概率分布的态，哪还有什么"质点"可言？

实验不仅一再证实了量子力学是远比古典物理优胜的微观世界理论图像，而且还要求我们以量子场论取代做更精确而完整的描述。一个很好的例子正是在测量电子有多小这件事上。我们可以将光对着电子的中心射去，并从其散射去"看"该电子。要能看小尺度，这个光的波长必须更短。当我们以波长短于一定值的光射向该电子，却看到多于一个电荷中心点和更多的质量，这时光的能量转化成正负电子对了；并且这个现象跟物理过程的具体内容以及该"粒子"是否有大小皆没有关系。此实验结果告诉我们，所谓"粒子"都可以从能量转化而来（记得$E=mc^2$吗？）；能量本身从来不会被视为物体，物体的能量在不同的坐标系会看到不同的值，而且这个值能随时间改变，它描述这个物体不同的态。既然被看作质点的任何"粒子"皆会这样被产生（或湮灭），这种"粒子"数及总质量不就像能量一般比较像物体的态的描述，而不是物体本身吗？唯有量子场论能描述这种"粒子"数能改变的状况，而在量子场论中只有各种各样的量子场；光是量子电磁场（或称光子场），电子是量子电子场，不同数量的正负电子的分布，只是量子电子场不同的态而已，跟不同数量的所谓光子也都是量子电磁场不同的态并无二致。

量子场论是我们研究现今最小尺度的物理唯一的理论工具，它已被实验证明极为成功。很好的例子是一个叫 μ 介子的"基本粒子"的磁矩能达十亿分之一精确度的描述。所谓"基本粒子"，其实应该说是个量子场或该量子场一个特定的态，磁矩是它的一个电磁特性。这种态是高能物理实验一般能量的态，它像个牛顿粒子，皆因高能物理实验一般仅在看不清量子特性的经典极限做测量。沿用"基本粒子物理"的名称至少理论上是全然不符的，因高能物理的理论中只有各种有着不同基本特性的量子场，而且作为能成功描述我们这个宇宙时空中的实验的量子场论，不同的量子场并不能被视为不同的物体；唯有时空本身能被看作物理实体，不同的量子场皆比较像古典粒子的位置和动量，仅为用以描述物理实体不同的态的"变数"或自由度而已。要理解此说何来，不得不认真检视量子场论的结构。

"气一元论"——时空就是一切

　　有别于古典场论，宇宙时空中"存在"的所有量子场，可以说皆处处永远不为零；这不为零却跟古典引力场度规的不可为零的状况不一样。首先，每一个量子物理的可观察量都由一个算符描述；一个量子态带有的这个物理量的实数值，对应算符在该态上的期望值。这种期望值其实是个多次测量的平均值，每一次量的时候均会遵循前面说到的分布概率得到算符的一个本征值。有标量场、有不为零的期望值是容许的；事实上现今高能物理的标准模型正有此特性。

　　不单如此，根据测不准原理，能量在短时间内不必守恒，只要长时间中的平均值守恒即可；能量的值在时空中有涨落，动量的情况也基本上相同。没有微观尺度上严格的守恒量，所有量子场皆有涨落，可以说都是永远变动不定的，即使其期望值／平均值为零亦如此。量子场都以算符描述，对应的态是有那量子场的时空态；但好些量子场如电子场根本不是可观察量，至少要用它的幅度平方才能得一可观察量。我们甚至不大知道如何描述这些算符的本征值或本征态，一般来说，我们只看如能量或电荷之类的可观察量以及量子场所对应的古典粒子数，而且基本上是在非微观尺度量测。

每一个量子场能量的期望值也基本上皆不为零（事实上一般的计算，答案常常都是无限大），在能量最低的基态也不为零，而且那只是期望值，更不要说还有涨落。重要的是，这一切有可测量的实验结果，比如说对应古典粒子产生和湮灭及有关的能量动量变换，量子场论这种"奇怪"的描述被证实并提出正确答案；这里先要靠所谓重整化程序把相对于基态量的无限大的值移除。

前面提到的 μ 介子（场）那达十亿分之一精确度的磁矩就是这样计算出来的；虽然它只描述 μ 介子跟电磁场的相互作用，我们亦只需把 μ 介子放进电磁场便可量出其值，但它们所在的时空中的各个量子场，如多个不同夸克场、胶子场、电子场、光子场、W 玻色子、Z 玻色子等弱电玻色子的场的真空涨落效应全都贡献在内。如此种种，我们必须接受不管我们有没有看到其对应古典粒子，每一个在我们的宇宙中存在的量子场，皆无时无处不在，而不必直接对应任何可观察量，这些量子场的总体就是时空，个别的量子场不能被看作是物理实体，它们不能在任何时空区域独立于总体而存在。

量子场论中的物理态，皆从个别以及多个量子场算符作用在真空态而得。这真空态一般没有实质描述，它的物理内容被理解为对应古典物理的"真空"，也就是空无一物的时空，只是它的微观性质比古典物理想象的要复杂很多。由此可见，量子场论中的物理态，皆为时空的一种激发态，而我们只有一个时空，就是我们的宇宙，虽然我们一般只在描述它的一个小区域。因此，我们认为个别量子场（算符），皆为描述我们这个宇宙作为唯一的物理实体不同的态所需的一些"参数"，我们这个宇宙时空的自由度，跟空间坐标于描述一个古典物理的粒子中的角色没有什么两样。

量子场论的"世界观"，跟西方文化从古希腊以降"原子世界观"的主流非常不同，其所描述的宇宙万物是一个整体，而不是由个别独立且不能分割的基本粒子——"原子"堆栈而成，该宇宙时空变动不定，其间可以说就是带着各种如电荷之类的守恒量的能量在流动，它在某时某地的"凝聚"就给出一般意义的物质。这样的"世界观"却是与传统东方哲学不谋而合，比方说就类似于宋儒的"气一元论"的哲学理念。在量子场论以前的物理中，时空是物理实体以外的东西，物理实体存在于时空中；量子场论提出，不管有没有这些东西在其中的时空（区域），皆只是时空本身的一个（形）态，物理科学要描述的就是这个时空，并只有这个时空。

微观的世界——量子时空

尽管量子场论诉说了如此一个新的时空观，但它仍然是一个把建构于古典时空上的古典场论量子化而得的理论，就像一般的量子力学一样，它没有真正处理时空的量子或微观基本结构。"量化"的程序，除了全然抽象的"代数量化"外，都不可能在任何意义上把时空量化。事实上，量子场论的成功未能包括引力的描述。把广义相对论作为一个古典场论量子化，也只能得到一个古典时空上的量子引力场论，却不能得出量子时空，而且这好像有违于广义相对论的精神。量子化程序看来没法达到一个完全所谓"独立于背景"，也就是不先假定有某种古典时空结构在后面的量子时空／引力理论；如弦论或别的基本上具有古典理论为背景的做法莫不如此。这些理论一般甚至因为重整化的问题，而无法像引力以外的量子场论般摆脱无限大的困扰，弦论本身倒没有该问题。

前面我们单从量子力学已经谈到应有有别于古典时空的量子时空结构，量子引力所对应的时空更应是量子时空。事实上量子力学的测不准原理加上简单的（古典）引力考虑，就难免得出小于普朗克尺度以下的时空（距离）大小不可能有实质的物理意义，同样意指实数点组成的古典时空在一定微观尺度以下必须被放弃。说到底，实数也只是一种抽象数学符号，一种代数。

　　抽象数学符号有诸多不同的代数系统，我们实在没有任何理由认定物理时空必应有对应实数而不是其他的代数系统的数学结构。数学符号系统本有代数和几何两类；几何源于空间概念，是形象思维的辅助工具，代数则是抽象逻辑推理以及计算的工具。物理上，几何用于描述（类）时空的结构，代数则用于描述广义的物理量。更具体的是量子力学的可观察量组成一个非交换代数，虽然所有古典物理的可观察量都是交换代数，但总是能有实数值。

　　最近半个多世纪的代数几何学的发展，却已经把数学的两种系统统一了起来。代数几何学可以用代数系统的特定结构来描述每一个如点与线等的纯几何概念，每一个古典几何系统从而能对应一个代数系统，并且所有这些都是个交换代数。从几何出发建构代数，完全就像在物理上用实数坐标以及其函数之类的交换代数，来描述时空或空间里的物体或现象。代数几何等于告诉物理学家描述一个时空里的物体或现象，跟描述该时空，基本上是同一件事情；这正符合量子场论背后的观念内容。然而，从一个非交换代数出发来看其对应的几何，得出的新几何并非过去基于实数的古典几何，这就是所谓非交换几何。所以，几何确实不必对应实数结构，我们的宇宙时空看来比较像是非交换的量子时空，只是它的非交换性质一般要在微观尺度才有明显的效应。量子时空对应一个非交换代数，那就是它里面所有的物理量，它们一般也没有实数值。在一定的条件下，那些非交换性质可以被忽略，得出古典物理的近似描述。

上面以量子时空有非交换几何的结构这种说法虽然比一般的基本物理研究显得激进，却跟所谓正则量子引力或圈量子引力的最新发展有大致相同的理念，只是我们的讨论更直接更彻底。另一方面来看，这倒是十分保守地坚持着纯直观的时空作为含糊的概念在微观尺度仍有它相应的物理描述，并坚持着数学在描述物理世界的一般角色，只要求物理学家们重新审视时空，以及各基本物理概念能有的符合所有实验结果的抽象内容而已。

我们没必要放弃物体总是有单一位置和物理量有单一值那样的直观描述，只要学会如何去描述非实数的值和非交换几何的位置，那才是量子背后应有的时空几何图像。

我们进一步认为，正如曲率就是古典引力场，非交换的状况就是量子时空的动力学，从而量子时空的动力学将包含一些特定条件下的众多非交换代数。当然要找出这样的一个理论绝不容易，它大概还需要一些突破性的思考。

这样一个"气一元论"的量子时空观，至少能看到量子位置之"怪"可能只是我们的少见多怪，它不见得根本上与自然直观不相容，只是与西方文化传统的机械／原子世界观以及实数的性质不同。待我们找到适合它的概念理论语言时，就能"见怪不怪"，微观世界的物理就会变得好懂了。

不断发展的时空观

综上所述，作为我们描述物理世界的基本概念，时空在物理学的理论架构里，从背景变成主角乃至一切。牛顿物理的时空观以及其欧几里得几何结构的认定，已深深渗透到我们的文化中，甚至很大程度上被误认为是自然直观的。然而，基础物理的研究却是不断有意无意地改变着我们对时空的认识，往往连参与其中的好些物理学家也不见得能及时摆脱旧有观念的束缚，以清楚理解并改进时空的观念内容。本文谈到的量子时空观，是量子物理和代数几何所启示我们的时空观，沿着牛顿到爱因斯坦发展的下一阶段。

物理与数学的理论观念内容都是抽象的，却不大会与自然直观不符，而且可以通过熟识培养成直观的，可是又可能变成进步的障碍。空间由没有大小的点组成，可以用实数来精确描述，只是一套理论观点；宇宙万物为一，变动幻化不定，亦是一套观点。科学要问的是，哪套观点及完整理论能更好更精确地描述各种现象？而这更好更精确看似并无止境。

　　物理与数学的观念都是在不断发展中的，大多数老师及教科书在讲授一套如牛顿力学般的理论时，却不会让人们注意理论中各概念内容的假设性及其观念的局限性。牛顿的质点作为我们在物理理论中学习到的第一个基本物理概念，以及其背后的"原子"世界观与时空观，在更进一步的物理理论中可能不再有效，我们的物理教育却还完全没有为人们做好批判这些理论观念的准备。这是我们必须深思的。

第六章

时间、广义相对论及量子引力

余海礼　许祖斌

牛顿、苹果与月亮

1976年苹果计算机公司使用了一幅牛顿坐在苹果树下的图画，这是"被咬了一口的彩虹苹果"被采用前的最原始商标。虽然牛顿被一颗苹果砸到头而造就了万有引力理论发现的那一"尤里卡时刻"（Eureka moment）确实是一个虚构的故事，但掉落的苹果成为牛顿灵感之一是有根据的。伏尔泰（Voltaire, 1694—1778）——这位有名的法国作家、历史学家兼哲学家，在1727年的《论内战》中写道："艾萨克·牛顿爵士由于在花园散步时看到一颗苹果从树上掉落，从而有了万有引力系统的初想。"他曾经讽刺地说过："会思考的人极为少数，而且他们对打搅这个世界也不感兴趣。"这位因语带机锋并兼备像剃刀般敏锐的心思而广为人知的伏尔泰，着迷于牛顿对这世界理性的观点。他曾参加过牛顿的葬礼，也许曾从牛顿的侄女那里听闻苹果的故事。

威廉·斯图克利（William Stukeley, 1687—1765）是牛顿的朋友也是《牛顿传记》的作者，曾写道："晚餐后，温暖的天气里，我们走进花园，并在苹果树的树荫下喝茶，只有他和我在交谈，他告诉我，他正

第六章
时间、广义相对论及量子引力

处在万有引力的想法在心里浮现的情境中。为何苹果总是笔直地落到地面？当时他带着冥想的心境坐着思索'一颗苹果的掉落'：为何它（苹果）不能是往旁边走或是往上，而是一直往地面中央掉落？一定是地球吸引着它……"

约翰·康杜特（John Conduitt, 1688—1737）——牛顿的助理也是他的侄女婿，也曾说明类似的故事。他描述到，由于发生在英格兰的瘟疫迫使剑桥大学关闭，而让23岁的艾萨克·牛顿在1666年回到他母亲在林肯郡的家。康杜特的说明中写道："当他正在花园里沉思时，灵机一动地想到重力的强度（这使一颗苹果从树上掉落到地面）并不必限于地球的特定距离内，而必须延伸到比我们经常所想的更远的宇宙——他对自己说着，为何不能是距离月亮那么远呢？若是如此，那这必然影响到月亮的运动，或许能维持月亮在它的轨道上……他重新开始计算，然后发现这个构想能完美地符合他的理论。"如果这些人不是在大量美化他们的故事，那么"掉落的苹果"的故事倒是个真的故事，即便它并没有真的砸到牛顿的头。

从科学以及人类思维的进步情况来看，更具意义和浪漫的观念应该要包括月亮才能完满。这就是从牛顿、苹果和月亮中诞生的万有引力定律所揭示的重大意义。在万有引力的思想里，牛顿宣称力的大小变化和两个互相吸引的物体质量的乘积成正比但和它们的距离平方成反比（$F = G\dfrac{m_1 m_2}{d^2}$），而第二运动定律则主张一个物体的加速度与其所受之总作用力成正比（$F=ma$）。所以如果苹果由静止开始，以每秒16英尺[①]掉落$x(t)=\frac{1}{2}at^2$，一秒钟后苹果运行的距离为$x_A(1s)=\frac{1}{2}a_A(1s)^2$，即是$x_A(1s)\propto a_A$。因此得到$x_A(1s)\propto F_A\propto\frac{1}{d_A^2}$，即苹果受到地球拖曳的力是平方反比于苹果和地球中心的距离d_A。如果在距离地球$d_M\approx60d_A$处的轨道运行的月亮也往地球中心

掉落的话，那将会是$x_M(1s)\approx0.0045$英尺，那么$\frac{16}{0.0045}=\frac{x_A(1s)}{x_M(1s)}=\frac{d_M^2}{d_A^2}=\frac{60^2}{1^2}$。这个数字"非常接近"牛顿所说的关于月亮与接近地表的物体的运动，但这

看来简单的结果却带出了相当深刻的含义——即支配着苹果的定律（运动和万有引力）也同样地支配着月亮。牛顿的重力定律因此被称为"普遍性"的万有引力定律。这是被人类所发现的第一个精确量化的定律，从地球到天堂它都支配着所有的有形物体的运动！宇宙的运作变得可以被理解，如同接下来几年所被证实的，行星和天体皆依循着牛顿运动定律和牛顿万有引力定律像钟表般规律地移动。在物理概念中，力可被理解为位能的梯度。一个质点所受的力如果为距离平方倒数的话，即意味着位能满足泊松（Poisson）方程，这是一个含质量密度源的二次空间微分方程。由于1905年发展出的狭义相对论强调了时间与空间的同等地位，因此泊松方程最自然的推广乃是将对时间二次的微分项包含进来，这便直接导出具质体源的波动方程，原来静态的泊松方程仅是当质体移

---

① 1英尺=0.3048米。

动速度相较于光速 c 慢很多的近似情况而已。但是爱因斯坦的 $E = mc^2$ 意味着重力源——质量，即是能量。其意思是说用泊松方程来表述的牛顿定律必须被视为仅是更详尽的一组方程式的一个分量方程而已；然而完备的万有引力定律，有着10个分量方程的爱因斯坦场方程式，可要等到牛顿做出人类重大跃进的两个半世纪之后才出现。牛顿在1666年回去的出生地和家乡从此变成一个朝圣地，特别是对于物理学家来说。现在可以从牛顿寝室窗外的花园，看到那棵据说是在当时庇荫坐在底下的这位思潮正在萌芽之年轻科学家的苹果树。这棵特别的苹果树于19世纪初被风暴所损伤，一些枝干被移除但树的一部分被留下且重新扎根。仍存活在牛顿的出生地的这棵树，现在想必已经超过350岁了。如今，在距离爱因斯坦于1915年第一次写下他广义相对论的方程式后又过了一世纪，引力仍然保有它神秘的特殊魅力——要完全地理解引力，到今天依然是个要求完备一致的物理架构所难以克服之挑战：我们能够真正地了解宇宙直到微观层级，追溯它的起源一路到达古典爱因斯坦理论明显不足之处，直接进入量子力学领域吗？关于电磁场定律的评论，爱因斯坦于1923年在歌德堡（Gothenburg）诺贝尔奖答谢演说的最后一段说："一个有关基本电磁结构的理论和量子力学问题是不可分的这件事，是不可被忘记的。到目前为止，相对论对于至今最深刻的物理问题也被证实还不够奏效。"诗人拜伦（G. Byron, 1788—1824）曾写道："人因苹果堕落，亦从苹果崛起。"

爱因斯坦和他的诺贝尔奖

　　爱因斯坦并未出席1922年的诺贝尔奖颁奖典礼，当时瑞典著名的物理化学家斯范特·阿列纽斯（Svante Arrhenius, 1859—1927）代为发表他的成就。诺贝尔奖委员会在前半段引文里隐晦地承认他对相对论的深刻见解："由于他对理论物理的帮助，特别是他发现光电效应定律……"这也算是一个"安慰奖"。由于委员会认定在1921年的提名人选里无人达到得奖标准，根据规定，此奖项可以被保留到来年，然后把这规则套用于爱因斯坦身上。因此爱因斯坦晚一年于1922年才拿到奖项。如此规则被用在上一个世纪最伟大的物理学家身上，是众多诺贝尔奖当中一个不公正的例子。"爱因斯坦必不能得到诺贝尔奖，即便整个世界都要求他必须得到。"这位具有影响力的物理委员会成员阿尔瓦·古尔斯特兰德如是宣称，他本身享有诺贝尔生理学奖殊荣，甚至瑞典邮票上都印有他的图像。他一直是位将爱因斯坦的理论看成一无是处的坚定信徒；但即便是他，也无法阻止爱因斯坦拿到他的奖项。

　　当英国天文物理学家亚瑟·爱丁顿爵士组织的考察队到西非和巴

西，于1919年的日食中证实了星光受太阳曲率弯曲之后，爱因斯坦马上成为世界最有名的科学家。"科学上的革命""牛顿的概念被推翻""空间被弯曲""新的宇宙理论"，这都是一些报纸的头条。如《德国周报》、《柏林画报》（*Berliner Illustrierte Zeitung*），将爱因斯坦的研究及其对自然界的思想拿来与哥白尼、开普勒和牛顿的思想做同等地位的比较。爱因斯坦与他太太爱尔莎（Elsa）的确还未从远东的漫长旅程中回到欧洲。

1922年11月2日的日本邮轮北野丸号（Kitano Maru）载着一位有名的乘客抵达新加坡港口，当时43岁的爱因斯坦趁此中途停留，向当地犹太社群，特别是那些有钱的成员，为在耶路撒冷的希伯来大学募款资助。在爱因斯坦拜访新加坡的一星期后，他荣获了诺贝尔物理奖。那是在日本邮轮北野丸号于11月9日抵达香港之后；隔天，经由从斯德哥尔摩那边的无线电报传来爱因斯坦获得诺贝尔奖的消息。那时他正在香港到上海航行的旅途中，爱因斯坦获得诺贝尔奖的那一刻，他的位置距离台湾海岸没多远。11月13日上岸时，上海瑞典总领事递给他官方通知，爱因斯坦夫妇在中国由多位科学家和显要所招待，包括时任上海大学校长的于右任、著名画家王一亭、前北大教授张君劢等人。

诺贝尔奖官方网站把他于1923年在哥德堡的演讲正式列为"诺贝尔演讲"。但爱因斯坦当时并没心情去谈光电效应。他所选的标题是"相对论的基本构想和问题"。或许是为了强调他的恼怒，标题附加了一脚注："此演讲并非于诺贝尔奖的场合发表，因此，无关于光电效应的发现。"

演讲最后一句话为："假若相对论方程的形式在未来某天由于量子问题的解决，无论经过多么深刻的改变，即便我们用来表达基本物理过程的参数也都完全改变了，相对论原理也不会被摒弃，并且之前推导出的这些定律将至少会保有它们身为有限制性的定律的这层意义。"明显地，爱因斯坦愿意接受并指出"量子问题的解决"可能会改变他的广义相对论。其中让引力和量子力学之间存在很深的紧绷对立的就是"时间的问题"。目前在量子力学和广义相对论里，对时间的理解和时间演化的作用似乎并不一致，因此要尝试建构结合这两者的理论时便存在深刻而有待解决的争议。

爱因斯坦掌握了牛顿物理里面惯性质量（$F=ma$）中的m和重力质量（$F=G\frac{m_1 m_2}{d^2}$）中的m的等效性，作为解开重力秘密的钥匙。所有物体无关质量差异均以同样加速度a掉落（把上述的两边F等同起来以消去m）。根据伽利略的学徒所写的传记，这位著名的意大利科学家于1589年在比萨斜塔上投下两颗质量不同的球，示范这两颗球落下所需的时间与它们的质量无关，与亚里士多德当初的想法违背：较重的物体比较轻的物体更快落下，并且直接正比于重量。由于惯性质量和重力质量的等效性质，一个在无引力加速向上的电梯里的人感受到地板施予他的力，与受引力而站在地球表面的人感受到的力并不同。此"等效原理"意味着引力效应并不像其他力一样，而可以在任一特定点借由坐标系的选择来抵消引力的效果。爱因斯坦对这个问题陷入挣扎中：什么样重力定律的建构，可以在任一特定点借由坐标系的选择，使得物理方程式成为狭义

第六章

时间、广义相对论及量子引力

相对论的形式？他以深刻的见解和勇气总结出万有引力必须是由时间—空间的曲率所导致。在任何弯曲时空里，任何一特定点上的切面，事实上同构于具洛伦兹对称性的闵氏时空。因此这么一个局部的选择即可使得其上面的物理定律完全符合狭义的相对论（举个简单的例子，在一个橄榄球弯曲表面上的任一点，在那点上的切面都是一个平的二维面；但要注意到虽然任何一点的切面都是平的，它在不同点都不一样而且也没有单一个整体平坦的面能作为每一点的共同切面。要达到该条件的阻碍就在于球面的曲率）。有关任意维度曲率的问题及数学上的表述，已经被德国数学家黎曼完全解决。"从他那里我首次学到关于里奇然后是黎曼几何。所以我问他，我的问题是否可以借由黎曼的理论来解决……"这里的"他"即是爱因斯坦的挚友、同学兼数学家马塞尔·格罗斯曼。引力团体为表感谢，以他为名成立的马塞尔·格罗斯曼会议（起于1975年），是目前世界上致力于引力研究最大的学术研讨会。在黎曼几何中，最基本的变量是度规，而"几何动力学"则是完全以几何学的度规来描述广义相对论中的运动。爱因斯坦的场方程可被重新表述为：一个起始的三维空间度规将会如何随"时间"演化 。希波的圣奥古斯丁（Saint Augustine of Hippo）活在罗马帝国晚年，他的著作影响到西方基督教和西方哲学的发展，在他著名的《忏悔录》里坦承，"然而什么是时间？如果没有人问我，我知道那是什么。若我想要向问我的那个人解释，我就不知道。"

时间存在与否？

百年来，当年爱因斯坦的"相对论的基本构想和问题"一直顽固地盘绕在广义相对论的光环上，逼视世人。其中的关键就在于时间的概念一直未能厘清。

掌握时间的本质是困难的，但时间的问题是如此地诱人。文献上记载着无数有关时间的想法和概念，其中高低、抽象、难易五花八门——有的是蒙尘的钻石，有的看来闪亮夺目却原来是砂砾，让时间的概念看来更为迷惘不清。本文首先要让读者们来一趟揭开时间谜一样面纱的历史旅程。历史的进程，潮起潮落，冥昭瞢闇，知性的幽光始终不断。但希望在这趟特别旅程的终点，读者们都能揭下时间面纱直探宇宙真理，更重要的是让我们在了解当前的处境后找到再出发的据点。

遥远的古希腊时期，艾菲索斯（Ephesus）的赫拉克利特（Heraclitus，前535—前475）已喟叹着"无人曾涉足过同一条河流两次"，因此"万物皆流"，时间也是如此。孔子也用"逝者如斯，不舍昼夜"来比喻时间的流逝。但是埃利亚（Elea）的芝诺（Zeno，前490—前

430）却辩称"飞行中的箭矢是没在运动的"，所以时间只是人类观感的幻觉。"时间是什么"仍然是直观具体却又抽象难以掌握的概念。一直到大约两千年后的桂冠天才牛顿，于1687年首度发表的《自然哲学的数学原理》中主张："绝对的、真实的和数学的时间，它自身以及它自己的本性与任何外在的东西无关，它均一地流动……"这是人类首次以具体量化论述，把绝对的时间流动阐明成一个具备本体存在的事物。在牛顿的宇宙意象当中，时间的流逝独立于任何感知者的状态，以一致的步调均匀前进。

现代文明深深植根于牛顿的典范里。我们日常生活和思考如"动量""能量""冲量"等概念都来自牛顿力学，统称为"牛顿的世界"。在该世界里面，时间均匀流逝，空间无限延伸。

1905年以前人类认知的空间与时间

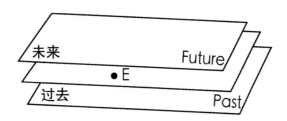

图6-1 时间均匀流逝，空间无限延伸的牛顿世界

到了1898年，有"最后的通才"之称的亨利·庞加莱（Henry Poincare, 1854—1912）在其《时间之测量》论文结论中说：时间的定义

就是要让运动方程变得简单。这里庞加莱剥夺了时间的本体性，让它变得只是描述运动的约定符号而已。当爱因斯坦尝试发展狭义相对论时，更发现我们的经验感知是如此不可靠——在狭义相对论中时间完全失去客观性，连我们习以为常的同时性的概念，都端视于我们当下的运动状态而定，毫无直觉的客观性可言。狭义相对论不单很精准地被实验检视，更催促着人类社会从古典迈进现代的步伐；只有爱因斯坦的好友哥德尔（K. F. Gödel, 1906—1978）喃喃低叹："如果时间的流动表示着现在的存在不断产生新的存在，这不可能有意义地把存在相对化。"只是言者谆谆，听者藐藐。"人们偶尔会碰到真理，但大都只拾起看看，便随手丢掉，然后赶快寻找下一个目标，好像什么都没发生一样。"丘吉尔如是说。

在爱因斯坦的狭义相对论中，时间变成闵氏时空连续体的一部分，时间连作为约定的符号的独立性也都失去了；这时，光速c，这个独立于任何参考坐标的速度上限，扮演了把各个惯性坐标联系在一起的洛伦兹变换的推导的基石角色。图6-2就是爱因斯坦的狭义相对论中的世界图像：光锥中每一条通过原点的直线都是观察者的时间轴，但在不超过光速的范围内，事件的时间排列次序是绝对不变的。

引力及等效原理在爱因斯坦广义相对论里就是时空弯曲的结果，各个时空携带着它们自己的时间，时间排列不再可能是绝对的。针对时间存在与否的问题，首先具体发难的是爱因斯坦尊敬的好友，常常一起在普林斯顿的林荫路上散步、讨论的哥德尔。这位外表看来稍嫌瘦弱，却是上世纪最伟大的逻辑专家，为了表达对爱因斯坦的友好及对广义相对

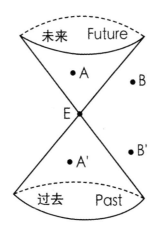

图 6-2 狭义相对论中的世界图像
光锥中通过原点的直线都是观察者的时间轴

论的尊崇，特别撰写了这篇后来名为《哥德尔宇宙》的论文。原本是准备在1949年爱因斯坦的70岁生日上献给爱因斯坦的生日礼物，讽刺的是，这篇论文反而在广义相对论中有关时间的问题上捅出大娄子。在这绝对严格符合广义相对论方程的哥德尔转动的宇宙中，我们可以从p点出发一路旅行到q点去，奇怪的是，q点在时间上竟然是p点的过去——如果能回到过去，那过去就没有"过去"，那时间定必是幻觉而已！爱因斯坦对哥德尔论文的反应是："这时间的问题在我开始构思广义相对论时便一直困扰着我，但我一直都无法厘清。"虽然后来剑桥大学的史蒂芬·霍金提出"时序保护"策略，以规避人们旅行回到过去的可能来挽救广义相对论的时序矛盾，然而，只图一时方便的建议，只是知性上的怠惰，并没有正面迎战问题，比爱因斯坦认为"这种解会被符合物理世界的宇宙排除"来得勉强。

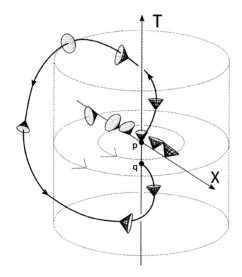

图 6-3 哥德尔宇宙中，人们可以从上面的p点
出发一路旅行到q点去

　　尽管广义相对论乃百年来最令大家崇敬的人类文明成就之一，它通过了无数不同实验的检验，其应用更是包括了从日常生活中的卫星定位系统（GPS）到宇宙中用来检测遥远星系的爱因斯坦引力透镜。广义相对论的踪影无处不在，然而，在有关时间的概念及其本质的问题上，广义相对论不仅没有产生厘清定廓的作用，反而招来更多充满矛盾的谬思；尤其是在量子化引力的问题上，"时间从何而来？""其性质又是什么？"文献上的描述大都神秘难明，甚至到了不知所云的地步。

　　时间的概念在广义相对论中表面上虽然存在着无可克服的困难，但其实真正妨碍人们做出突破性思考的，反而是人们自己的知识所编织造成的成见及幻觉。引用美国加州理工学院基普·索恩［他是世界最昂贵的、侦测银河中的黑洞及黑洞碰撞的引力波信号实验（LIGO, Laser Interferometer Gravitational—Wave Observatory）的主持人，也是电影《星际效应》撰稿者之一，是多才多艺的物理教授〕的话做结论："生命都希望活存在老化比较慢的地方，而引力就会把他们拖曳到那里。"

差不多是广义相对论发现后半个世纪的1958年，向来以话语鲜少而著称的量子力学奠基者之一的狄拉克，在他那篇向英国皇家学会提出的论文中，曾于检验了广义相对论的正则哈密顿量（Hamiltonian）后，一而再地（一次在摘要、四次在结论）强调："四维时空对称"不是物理世界的基本对称。简单来说就是时间在物理上不可能等同空间，所以世界并不拥有如广义相对论所宣称的绝对四维协变对称。

1967年在西雅图大学召开的巴特尔国际会议，目的在于希望通过数学及物理上最尖端课题的连串研习，激荡与会者的脑力、促成对话与思辨。在20世纪60年代，这是学术界希望通过群策群力的合作来完成有关广义相对论的真理拼图的重要舞台。舞台上的主角之一，就是喊出"引力告诉物质如何运动，物质告诉引力如何弯曲"这个广义相对论典范的约翰·惠勒，同年，也命名了"黑洞"。同时也是索恩的老师的惠勒睿智地指出："只因为一个简单的理由，几何动力学中四维几何是没有意义的，因为没有任何一个概率振幅在超空间（superspace，即抽象的所有三维几何的空间）中传播时可以无限精确地让峰值在一个波包上。"这只是海森堡（W. Heisenberg, 1901—1976）测不准原理的简单应用而已。当我们要无限精确地局限一个粒子的所在时，我们便同时失去有关粒子所携带的动量的所有信息，因此经典时空，只是个有限度适用的概念，顶多在半经典状态下能够胜任而已。只是，抛却了四维几何后，理论也同时失去了时间——这时连我们的伟大导师与先行者如惠勒也错误地认为时间只是幻觉，因此喊出："没有时空，没有时间，没有过去，没有未来。"

舞台上另一名要角就是与惠勒一起发表了被认为是引力量子场论中最基本的惠勒 - 德威特方程、来自北卡罗莱纳大学的德威特（Bryce S. DeWitt, 1923—2004）。可是这个引力量子场论中惠勒 - 德威特方程却没有明确的时间存在。德威特因而导致革命性地提出"时间"必须"内蕴"地由理论中的场变量来决定。可惜，惠勒 - 德威特方程另一个重大缺憾乃来自其包含对时间二次导数的先天本质。其问题在于，一个具二次时间导数的方程将会无可避免地让就算是事先准备得很好、一开始有着正概率密度的波函数，在演化的过程中使概率密度变成负值。这是需要概率密度必须为正值来诠释波函数的物理含义的量子力学绝对不能承受的后果。五十年来无数天才殚精竭虑地希望弥补惠勒 - 德威特方程的缺失，如提出莫名其妙的三次量子化程序等，却无不铩羽而归。尽管广义相对论不断产生更多疑问与混淆的概念，人类的文明随着时序的流动毫不犹豫地迈入21世纪——一个未来可能充满更多不确定性的世纪。

四维时空对称与量子引力势不两立

在人类文明的历史长河里，人类从未稍稍褪去探索宇宙基本构造真理的热忱；这股了无尽期的热情也激发出人类璀璨的文明，到目前为止，最大的成就莫过于标准模型（Standard Model）的建构。标准模型假设宇宙物质都是由基本粒子，如夸克与轻子（如电子）等构成的，而其成就主要来自于应用量子场论的技巧，来建构一个在高能领域中保持微扰重整化（perturbative renormalizability）的理论，去计算那些看来无可避免地变成无穷发散的物理参数。

利用量子场论技巧的好处是能把各种性质的物理量都统一起来，归并到量子态中来描述，一旦知道了那个量子态，就能算出所有物理量。但量子场自由度在时空的每一点上都是具有分布值的，因此这些都是自自然然地就会发散的物体，所以任何天真地而不加调整就进行的计算最终都会变成毫无意义的无穷大。

在经历了两代物理人不断的探索之后，人们终于找到了一种今天称为重整化的程序——那就是从计算中利用几个需要由实验来决定的物理量（如电荷等）去吸收那些无穷大的量，使得另外一些物理量变成有限且可以被计算。这是近代物理迈向发现宇宙基本原理的重要成就之一。然而让许多广义相对论的崇拜者及支持者失望的是，无论我们多努力，用尽各种不同的方法去尝试，广义相对论最后都仍然是在高能量带呈现发散变得非重整化——这是广义相对论令人心碎的真相。

在本世纪刚开始时，加州大学伯克利分校的霍拉瓦（P. Horava, 1963—）提出一个新的策略。他认识到量子幺正性（Unitarity）其实深深地与广义相对论中的四维协变对称性是相互扦格的两个原理。人们早在19世纪末就知道任何一个理论中如果含有超过两次时间导数的话，那理论中的哈密顿量便不存在下限，因此理论是不稳定即缺乏幺正性的。但四维协变对称却把空间导数的次数与时间导数的次数捆绑在一起，即高次空间导数项虽然会让广义相对论变成可重整化，但那些高次时间导数项却会让理论变得不稳定；高次导数项要加还是不要加，真是心中千万难。

霍拉瓦创见之处在于保全量子幺正性，放弃了普遍视为广义相对论必须满足的四维协变对称，霍拉瓦的论文掀起了一阵旋风与研究热潮，然而，随着愈来愈多赶热潮的文献指出理论表面上的谬误后，霍拉瓦本人也对其创见失去了信心，转向更复杂的策略寻求出路。这真是个当今潮流下的悲剧，令人唏嘘。综观科学发展的历史，每次典范转移革命的序幕都是从当时大家普遍相信的原理中出现矛盾所掀开的。例如，当牛顿万有引力定律中的超距作用（action-at-a-distance）

与刚发现光速为有限的、最大的、传播速度的事实互相抵触时，便导致爱因斯坦发现广义相对论。现今一窝蜂却只有三分钟热度、注重快速发表论文的风气，对需要长时间钻研、深刻思考的工作，无疑是把双刃剑，恐怕是弊大于利。迅速的热潮可以很快引起广泛讨论，集众人之力可以快速突破理论的瓶颈的确是个优势，但快速与潮流往往也代表浅薄，缺乏深刻缜密的思量，原来的创见反而容易迷失在众声喧哗中。

当人类文明迈进20世纪时，要升华到更高层次的条件已渐趋成熟。这方面的信息及趋势同时在文学、艺术及科学的各个领域中表现出来，除了科学方法乃科学家的共同利器外，其他先行者们就利用他们独特的艺术视角、无拘无束的创意及想象力与深刻入微的观察力，来进行一场伟大的文化运动。1922年，在爱因斯坦得到诺贝尔奖的同一年，乔伊斯（J. Joyce, 1882—1941）发表了小说《尤利西斯》，艾特略（T. S. Eliot, 1888—1965）发表了诗篇《荒原》。这些划时代创作的特征都需要以非线性的时间视角去理解人类记忆的特质——过去活跃的记忆改变着现在，而现在也改变着过去，并且影响着未来。

马塞尔·普鲁斯特（Marcel Proust, 1871—1922）的《追忆似水年华》出版于1913年，比爱因斯坦在1915年发表的广义相对论还早两年。普鲁斯特曾经兴奋地追忆他与爱因斯坦书信往来讨论时间的问题，"……从爱因斯坦信中得悉他对时间的概念，但我对爱因斯坦的话一丁点都不明白，我不懂代数。"普鲁斯特进一步说，"看来我们都有类似的扭曲之时间。"普鲁斯特明显地掌握了广义相对论中时间的性质。这革命性的运动触发出充满不确定性的摩登时代的来临，同时也慢慢地把古典世界扫进历史中。

广义相对论扑朔迷离的一面

以今天的目光来看，说广义相对论开始那几十年的研究大都浪费在寻找特殊解的问题上，是不太为过的中肯说词。例如，需要假设时空具备球对称性才能得到的黑洞解，就是在1916年由德国天文物理学家史瓦西所发现。这个解的特色就在那连光都无法逃逸的视界面。然而，1921年的保罗·潘勒韦及前文曾提到过1922年的阿尔瓦·古尔斯特兰德，发现了另外一个今天称作"潘勒韦 - 古尔斯特兰德解"的解，这个解里面却不存在视界面的情况。今天我们已理解到，这与史瓦西解只是不同坐标系下描述的同一个时空而已——它们是相等价的！但这让古尔斯特兰德想到，既然广义相对论的解不是唯一的，那么广义相对论便必定是错误、没用的理论。而这正促成了前文那则有关爱因斯坦的诺贝尔奖的故事。

特殊解就是特殊的解，缺乏普遍性，因此我们也没法从中学得到有关广义相对论的普遍的物理知识。当今有成千上万的论文在讨论黑洞，这对弯曲时空下的量子场论的性质的探讨可能帮助很大，但对广义相对论的认识却无大裨益，因为普遍的时空是不应被预设具有任何对称性的。自从牛顿开始，要察识一理论中的物理内涵，就是要让系统在时间下演化，除此之外别无他途。到了1833年，爱尔兰人威廉·哈密顿（William R. Hamilton, 1805—1865）引进广义坐标的方法，大大地增加了古典力学的应用范围，尤其是当个别粒子坐标，如在场论中，及延伸到量子力学里速度的概念不明确时，这个方法依然有效。现在我们称之为哈密顿力学，其中系统对时间的演化就是要从哈密顿量中产生。

这个方法中有一对只含一次时间导数的演化方程。牛顿与哈密顿的方法之差异在于，哈密顿方法只依赖于泊松括号（Poisson Bracket）。根据狄拉克，量子化时只需要把泊松括号换成交换算子（Commutator）乘上ih便可（A与B的交换算子就是 $[A, B] = AB-BA$）。而物理量就对应于自伴算符（Self-adjoint operator），对应到能量的算符就是哈密顿量。当人们开始利用计算机模拟两个黑洞碰撞的过程时，也就掀起了广义相对论动力学研究的新纪元。故事从1959年开始，当阿诺维特（R. L. Arnowitt, 1928—2014）、德赛（S. Deser, 1931—）及米斯纳（C. Misner, 1932—）三位引力研究者将四维时空流形割切成一连串的三维空间，在这个过程中取得广义相对论的哈密顿量，然后再加上新引进的延聘（Lapse）场N、移位矢量（Shift vector）场N，三维空间的演化就能重新堆垒出四维时空。因为无穷细小连续的两个时刻中空间的点是一样多，而N和N（如图6-4）就对应着上一个时刻中的空间的点怎么具体地移挪到下一个时刻中的空间。

　　爱因斯坦重力理论中的四维度规g_{uv}就可从各时刻的空间度规场$q_{ij}(x,t)$以及延聘场N、移位矢量场$\mathbf{N}$建构得到。这种哈密顿表述方式，容许我们将三维空间一如力学般做动力演化，因此惠勒称之为几何动力学，对应的哈密顿量，文献中称为ADM哈密顿。

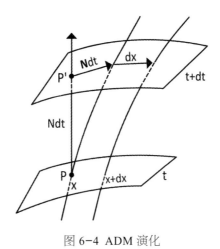

图 6-4 ADM 演化

　　1915年11月25日爱因斯坦完成广义相对论，同一个月，20世纪伟大德国数学家希尔伯特也导出爱因斯坦方程对应的作用量。后来发现这个作用量的ADM总哈密顿密度就是$NH+\mathbf{N}\cdot\mathbf{H}$，真正的物理自由度是空间度规场$q_{ij}$，并不是四维的时空度规$g_{\mu v}$，而剩下的延聘场$N$和移位矢量场$\mathbf{N}$则扮演移挪约束条件$H=0$和$\mathbf{H}=0$的参数，并非物理自由度。因总哈密顿约束为零，结果造成该理论看起来无法演化，除非使用内蕴时间。但哈密顿密度消失是个非常严峻的问题：既然哈密顿就是能量，如果广义相对论的哈密顿密度为零，那引力场怎么可能携带能量呢？

　　著名美国物理学家费曼（Richard Feynman, 1918—1988）困惑地思量："当引力波经过两颗串在一节棍上的珠子时，它们的振动经由摩擦产生热能，因此引力场必须携带局部能量。"内蕴时间以及对其所应的哈密顿量却能一石二鸟地解决这两大难题。"内蕴时间演化"就是使用理论中的一个自由度来扮演时间，而演化方程则隐藏在 $H=0$ 的哈密顿约束里。至于 $\mathbf{H}=0$ 的动量约束，可解释为三维无穷细小坐标变换所产生由李（Lie）导数作用的，微分同胚映射（Diffeomorphisms）的"规范对称"条件。剩下的重点是——哪个自由度才恰好是我们宇宙的内蕴时间呢？

时间起源自量子引力

在人类漫长的文化历史中，睿智和愚庸共存。我们可以想象，任何可以想到的想法都已经被想过了——哥德尔的工作指出广义相对论可能存在缺憾，狄拉克指出时空对称性不应该是引力理论所具有的对称性，惠勒强调三维空间（而非四维时空）的重要性，德威特革命性地提出时间应该由理论内蕴地决定，霍拉瓦即放弃了四维时空对称性引入高次空间导数；所有这些意见都含有部分真理，但都不是真理的全部，但综合先驱们的所有观点后，我们认为以三维空间作为出发点的想法值得我们更深入地进一步分析与了解。

一个配以三维空间度规及其共轭动量（q_{ij}，π^{ij}）作为基本动力学变量（如同一般正则力学里的坐标X与动量P的推广）的几何动力学理论，承继了一些来自度规值得一提的特征：空间度规的正定性确保了任意初值曲面上两点间的类空性质，并且允许了，用惠勒的话来说，"一个共同一致的'同时性'的概念，以及初步对'时间'的感知"。在没有特定背景时空度规（注意，时空是空间演化堆叠而成的古典概念）的量子引

235

力理论中，非度规场的基本变量自身无法生成一个距离的度量，乃至自洽的初值超曲面。给定了一组基本的三维空间度规及其共轭动量后，下一步便是要利用它们来建构一个内蕴时间变量。我们首先要分解三维空间度规成为幺模（Unimodular）因子和行列式因子部分，即$q_{ij}=q^{\frac{1}{3}}\bar{q}_{ij}$（可把$q_{ij}$视为三乘三的矩阵而$q$就是行列式），而$\ln q$场就是恰好的内蕴时间自由度，也就是之前所提到的与超空间（Superspace，所有三维几何的空间）对应的时间。

狄拉克、惠勒以及霍拉瓦，全都是放弃广义相对论中的时空对称的先驱；我们应当深入了解他们的见解到底是怎么一回事。奇迹般地，下面数个表面看来不太相干的因素，现在却共同催化最简且令人不得不信服具有内蕴时间$\ln q$的量子引力理论之表述。首先，由于$\ln q$是一个物理场，在每一个空间点上都可以拥有不同值，因而不完全符合我们对时间的直觉。但我们应该记住，含有物理意义的不是绝对时刻而是事件间的时间间隔；这时，奇迹再度发生——一个规范不变及合符直觉的时间间隔就唯一地隐藏在$\ln q$场的内蕴时间间隔中，它的平均值就刚好不折不扣地正比于宇宙的部分体积变化$\delta_t=\dfrac{\delta_v}{v}$。数学上把隐藏在$\ln q$场中的规范不变的时间间隔唯一地确认出来的技术通常称为霍奇分解（Hodge decomposition）。

直观上时间间隔都必须只是一个一维的参数，用来描述演化过程。然而藏有奥妙的是，从一个在所有空间点上都可以拥有不同值的场，要收敛到只剩下一个一维的时间参数，理论中就必须拥有局域规范对称性来收缩成等同的物理。此时H=0所描述的三维微分同胚映射对称恰好把内蕴时间间隔唯一地确认为宇宙的部分体积变化。这启示了宇宙中最深刻的谜题：为什么宇宙在基本的层次上都需要拥有局部规范对称？因为只有三维微分同胚映射局部规范对称才能允许场自由度坍塌到一个单一的一维参数，好让时间在宇宙中出现。此外，对应到$H=0$约束的量子动力演化可巧妙地导出最终规范不变的量子态演化方程——薛定谔方程：$i\hbar\frac{\partial\Psi}{\partial t}=H_{Phys}\Psi$。这就是我们熟悉的、适用于所有物理系统的量子演化方程。

这是一个揭开革命序幕的关键步骤，一个极度重要的突破：量子引力理论现在能够被所对应的一阶的内蕴时间导数之薛定谔方程所支配［伴随着在任何内蕴时刻的半正定（positive semi-definite）概率密度的结论］。这个方案解决了量子力学诠释（这里头需要时间概念与半正定概率密度两者）与通常的克莱恩－戈登（Klein-Gordon）型属于的、二阶内蕴时间导数（因而没有明确的"概率"）之惠勒－德威特方程之间的深度分歧。此外，因为量子演化先后秩序并不对易，薛定谔演化还提供了规范不变的时间排序（因果关系）。"因果"不单是物理也是宗教、伦理学的基础。另一方面，1933年泡利提出一个定理，困扰着有志一探时间真实面目的心灵——泡利证明了不存在着时间的自伴算子，因为时间与哈密顿量共轭的性质会让能量变成连续且无下限。狄拉克在1926年曾提出薛定谔方程乃等同于把相空间（phase space）扩大到包括约束$H_{Phys}=-\pi$在内蕴时间的表述当中，泡利设下的魔咒被奇妙而深刻地克服了——虽然内蕴时间是量子场算符，但哈密顿量并不含内蕴时间t的共

轭量 π 。其中深刻之处在于这些结果都并不需要外加或假设什么条件，而自自然然地从方程式中直接流露出来，而且约束就是以上的薛定谔方程。延伸狄拉克的构想，量子力学里时间的起源乃来自扩大相空间的一个自由度，而量子引力理论就提供了这个唯一的答案。

古典时空重建

直观上，大概可把时间分成三类：

（1）时间是人类感官带来的幻觉；

（2）时间是突现的量；

（3）时间是基本的量。

现实中，我们的直观经验不完全对，也不完全错；不单是惠勒，连爱因斯坦也说："像我们这种相信物理的人就知道过去、现在及将来的分别只是我们顽固的幻觉。"量子内蕴时间乃从基本的度规建构而来，是时间基本的描述，但我们每天体验到的时间来自于突现的古典四维时空背景的度规$g_{\mu\nu}$。

薛定谔方程演化的半古典极限，自动地突现具有物理意义以及依赖于密度的类时延聘场N，而四维时空度规$g_{\mu\nu}$也就从量子建设性干涉中突现的半古典空间度规q_{ij}以及N重建出来，而规范不变的物理则独立于$\mathbf{N}$（微分同胚映射局部规范对称的参数）。

从量子到古典，引力的内蕴时间表述中的所有概念与元素其实早就记载在文献中，等待我们去发现而已。《圣经》上说："问，给你答案；寻找，你会找到；敲门，门会为你而开。"

杞人"忧天"有道理

　　"杞人忧天"这个成语常用来讽刺愚人忧患那些不必要担心的事情，问不该问的问题。但其实这位被大家公认的"愚人"却点到了宇宙中最深奥的谜——万有引力为什么没有让天崩塌下来呢？牛顿认为在我们无限大、物质分布均匀、静态的宇宙中，引力在每一点都互相抵消，也没有任何一个特别点能成为崩塌的中心，而"解决"了这个问题。但是这个想法是有缺点的：万有引力只要出现些许小小的微扰就会使物体往密度比较高的地方累积，最终造成崩塌的结果。此外，如果我们活在无限大、物质分布均匀静态的宇宙里，那夜晚的天空为什么是黑暗而不是光亮的呢？

　　相对于某个距离的恒星，两倍远的恒星的亮度便会弱了四倍，但是同样体角内两倍远的面积却大了四倍，这四倍多的恒星产生的光加起来会跟之前是一样的亮。无限大、静态的宇宙里，无论往哪一个位置张望都应该见到星体，夜空将会是由全体星光照耀如昼的天空。这就是"奥博斯悖论"（Olbers' Paradox），由德国天文学家奥博斯（H. W. Olbers,

1758—1840）于1823年提出（虽然他并不是最先探讨这个议题的人）。

　　爱因斯坦开始时也是静态宇宙的信徒，可能是受到斯宾诺莎（B. de Spinoza, 1632—1677）哲学的影响，"上帝和自然界是同一件事的两个方面"，而认为宇宙一如上帝是不变的。可是爱因斯坦原来的引力方程并没有物质分布均匀的静态宇宙的解。一旦得知哈勃 - 赫马森（Hubble-Humason）1931年从光谱的红移测出宇宙在膨胀，爱因斯坦便宣称他1917年在方程里增加了"宇宙常数"是他"一生中最大的失误"。之前，爱因斯坦是利用增加的正宇宙常数项产生的负压力来平衡物质分布的引力，才可得到静态宇宙的解。

　　20世纪90年代珀尔马特、施密特和里斯（Perlmutter-Schmidt-Riess）发现宇宙膨胀不但没有放缓，实际上还在加快，并因此于2011年获得诺贝尔物理学奖。使宇宙加快膨胀的最简单因素就是正号的宇宙常数，即爱因斯坦所说的"失误"。能对"奥博斯悖论"给予解释的两个因子，就是宇宙的年龄是有限的和光谱因宇宙膨胀而产生的红移，而后者是最重要的效应。

　　早期宇宙遗留下来的热辐射因为宇宙膨胀的缘故而红移到微波的波长，成为今天宇宙中无所不在的2.7K宇宙背景辐射。宇宙的膨胀也限制了可观测宇宙的大小，在此范围之外的光是到不了我们所在之处的，因此没有阳光的夜空是暗的，让我们的生活平添不少诗意。目前所有的天文数据和证据都一致地揭示，我们宇宙从大爆炸以来一直在膨胀，也没有足够的物质来制止宇宙继续膨胀下去。

从内蕴时间的观点来看，膨胀的宇宙不但是自然而且是必然的，因内蕴时间就是宇宙体积的单调函数，而像哥德尔宇宙这类不符合内蕴时间演化的解，也不会产生。那么我们膨胀的宇宙是无限大的吗？简单的、分布均匀的宇宙的解包含了一个有限大，而且是在一直膨胀中又无边界的三维球面 S^3 的宇宙。但是目前的天文观测还不能完全排除其他拓扑及无限大的宇宙的可能。"只有两样东西是无穷的——宇宙和人类的愚蠢。而对前者，我还不能完全确定。"爱因斯坦如是说。

引力与标准模型中杨－米场的模拟

"规范对称"这个技术名词比"约束系统"来得更普遍是个不幸的现象，因为两者的物理内涵是一样的，但约束系统的语言比规范系统更容易想象及掌握其物理细节。例如，阐述电磁学是一个U(1)局部规范理论，就算对很多专家来说也是抽象得难窥其中奥秘的理论，但如果把电磁学说成是一个约束系统，约束着理论中的电磁场的自由度，使得在时空上每一点都满足电荷守恒的要求便容易明白得多了！几何测量标度（scale）可以自由选取的构想，是由赫尔曼·外尔于1918年首先发展出来。而在量子力学成形后，外尔注意到波函数具有的重新调校标度（rescaling）的对称性，并进而导出了电磁学中的电荷守恒。当今，我们称量子电动力学为一个U(1)"规范不变性"理论。为了解决当时基本粒子的物理问题，杨振宁以及罗伯特·米尔斯（Robert Mills）于1954年引进了非交换性的规范场位势，现在被称为杨－米非阿贝尔（Non-abelian）规范理论，成为了今天标准模型的基石。

量子场论中的量子场的特质是在每一个空间点上都有着无穷多个自

由度；如果在这些无穷多个自由度中存在着对称性，那么在每一点上都必须有一些自由度是多余的，而且它们必须没有物理地位。在当代的术语里，为了得到一个规范不变的、有物理意义的单一参数，这意味着这些多余的自由度必须在每一点上都可以被规范处理掉，就像内蕴时间场变量的霍奇分解那样，而这亦说明了为何规范对称性在场论中都必须是局部的。在某种意义上，这个世界必须是规范的，因为世界需要时间进行演化，而且我们日常的经验告诉我们时间必须只是个一维参数，只有规范对称性才能把"时间场算符"中不相干的自由度消除掉。把规范对称视为相位变化下的对称性的传统术语，是个不完整的概念。这仅仅在量子力学中是恰当的，但是当要处理有着无穷多个自由度的量子场算符时，就显得不适当了。

就如同我们先前所强调过的，在量子场理论里，约束理论比规范理论更加贴切。第一类约束于场算符所产生的剩余自由度（规范自由度）之细小改变和规范对称变换所产生的改变是一样的。在那些物理可观测量中是不能够存在那些剩余自由度的。因此，它们不能在对称变换下改变，而必须与第一类约束对易——此即规范不变性。这与处理只有无穷细小的激发态的量子场论的特质是自洽的。

虽然我们可以诠释动量约束所引起的基本变量的变化，与广义无穷小的坐标变换的效应等价，但必须强调：

（1）理论中真正的基础性对称，乃是由约束量的形式及其所对应产生的精确的变换所完全决定，而非借由将要在作用量及哈密顿量中被积分掉的赝（dummy）空间坐标变量的变换来决定。

（2）**H**在三维微分同胚映射对称变换下所产生的改变乃是动力场在相同坐标上取值的结果。在这个意义上，这与平常所见到的杨－米规范场变换是自洽的，但一般却把杨－米规范场变换天真地看成是"内部的"，而广义相对论变换则被认定为"外部的"，或者是时－空坐标的变换。

其实真正重要的是，其中对称性乃是由理论中的动力场的变换所完全决定，而非借由"导致的坐标变换"所决定，坐标只是个标签，缺乏任何主动的角色。因此单就空间微分同胚映射变换对称性来说，它们就是爱因斯坦理论的规范对称场，这与一般称作"内部的"杨－米规范场完全一样，都是描述相同坐标点上规范对称场的改变。

正确地同时认识到广义相对论其实就是一个规范场理论，以及其根本的动力变量乃来自空间，而并非空时的度规，不仅化解耦合引力到费米子时所面临的问题，也同时揭示了当四维时空在量子扰动下失去其有效性时，要如何超越等距同构（Isometry）、框纤维丛（Frame bundle）、切面对称规范化等概念所扮演的角色。要自洽性地量子化一个量子场论，就无可避免地必须要提供一个可靠的微观因果结构。在一般惯常的杨－米规范量子场论中，场算符间的对易关系乃经由相对于固定背景度规提供的光锥结构（决定了光锥结构乃至于类时、类空与类光的性质）的柯西（Cauchy）初值超曲面来定义。正如惠勒强调过的一样，因为量子引力态不可能无限精确地让峰值在某个经典配置状态中，四维时空只是一个有适用限制的经典概念。因此，我们就不能天真地在量子领域中定义并应用四维框纤维丛这一典范概念。

另一方面，一个自洽的量子引力理论就应该认识到，作为一个真正的规范对称的空间微分同胚映射对称变换的基础性质，乃完全平行杨－米规范对称性质及其基本动力学变量是空间度规的基础性作用，而不是时空度规的重要性。从重整化群的角度来看，量子场在重整化过程中将重新调整结构并由相应的量子场论的固定点的结构细节来将自己融解成更精细的结构，而顶多是半经典的四维时空结构，将最终融解成更基本的结构。

因此，在不存在背景时空的情况下，当务之急乃利用更具基础性的三维空间度规场（而非四维时空）来定义和量子化引力，一如杨－米规范场理论一般，应该期待一个局部哈密顿密度。这个从四维协变对称转化为三维协变对称的根本的观念转变和典范转移，可以在隐含于局部哈密顿密度中，能够自然而然地实现波粒二象性的量子场的色散关系中，得到进一步支持。

迄今为止，要在普遍缺乏等距同构（更不消说洛伦兹等距同构了）的弯曲时空流形中兼容地引入费米子，可以从同构于闵氏时空的切空间的对称群的规范化中实现。在缺乏基本的四维时空和框纤维丛的支持时，我们应该转向利用空间度规或怜三面形（Dreibein）来提供必要和足够的框架。我们在量子化的引力理论中引入费米子物质将要面对的迫切问题就是：当四维度规及有效的半经典四维时空在各种重整化的尺度缩放过程中，融解成更基本的三维空间建构块的度规场和其共轭动量场时，如何将这些基本粒子在各种重整化的尺度缩放过程中保持其"基本"性，而不会在重整化过程中显现出新的结构。

微妙的是，大自然不仅提供了将量子几何动力学视作规范微分同胚映射对称场论时，碰到缺乏基本的四维时空这一困难局面的解决方案，同时，也启示了耦合量子引力到费米子时乃是规范化三维空间度规的洛伦兹对称群，而不是四维流形上切面空间的闵氏空间的等距同构。怜三面形 e_{ia} 与空间度规的关系是 $q_{ij} = e_{ia}e_j{}^a$，使得空间度规在对怜三面形做局部 $SO(3,C)$ 群旋转时保持不变。这是一个非凡的事实，即复变数群 $SO(3,C)$ 实际上是洛伦兹群的另一种表现形式，因为它是与 $SO(1,3)$ 群同构的。因此，完整的洛伦兹对称性，并不仅仅是实数 $SO(3)$ 的旋转对称，其实早就已经存在于空间度规中。$SO(3,C)$ 和它的覆盖群 $SL(2,C)$ 的规范化，更是自然而然地让基本的外尔费米子同时兼容着基本粒子物理的标准模型的手征性。

此外，在规范化完整的洛伦兹对称性过程中，我们只需要利用到基本的三维空间怜三面形及其共轭动量，而不需要用到任何四维时空性质。在这层意义上，即使在量子引力的范围，当半经典时空和四维度规失去其适用性时，基本费米子依然可以保持其基本性质。基本费米子的手征性，因此是自动和自洽地通过这个洛伦兹规范对称的方法来实现。最后还必须指出，这与一般在量子力学中的相因子规范不同，在量子场论中的费米子场，虽然是基本的，但它们本身却不是物理态，因此非紧致群的规范化，例如，$SL(2,C)$并不产生任何异议或者抵触。每当一个明确定义的四维时空出现在经典脉络的情况下，嵌入空间度规的无迹外曲率（extrinsic curvature）都有着清楚的物理诠释，而时空则可以从怜三面形和延聘函数中像前文所提及的时空重建的程序那样，自洽地重建起来。

宇宙的初生与时间箭头的方向

内蕴时间量子几何动力学对宇宙诞生时的物理现象及起始条件有着异常深刻的启示。首先，除了广义相对论中的三维纯量曲率R外，三维微分同胚映射不变性允许引入对度规更高阶的微分项，这是使理论成为可重整化的关键，同时也决定了宇宙早期的物理性质。在三维状况里，唯一可能引进的变项就是所谓的科顿－约克（Cotton-York）张量。就像在广义相对论中的重力只有两个自由度那样，科顿－约克张量包含了两个横向（transverse）并且无迹（traceless）的自由度，在这个意义上说明了为什么在高能量带可以有效地取代广义相对论；但科顿－约克张量有着一个额外的共形（conformal）对称性。

从经典的角度来看，半正定的哈密顿量在宇宙诞生瞬间（即 $t \to -\infty$ ）具有最小值的真空基态条件，就是科顿－约克张量以及引导三维空间堆栈成四维时空的无迹外曲率都同时为零。消失的科顿－约克张量就是让宇宙几何具有共形平坦的性质，亦即罗伯逊－沃克（Roberson-Walker）度规的关键，简单地实现了潘洛斯的外尔曲率假说（Weyl

Curvature Hypothesis）："大爆炸时的起始奇点必须使四维外尔曲率消失。"

根据霍金 - 贝肯斯坦（Hawking-Bekenstein）黑洞熵公式，一个太阳大小的黑洞每粒重子（Baryon）大约携带着10^{21}大小的熵（Entropy），潘洛斯估算如果宇宙中的物质拥有10^{80}粒重子的话，在大爆炸时引力自由度在热平衡时对应的熵值就应该高达10^{123}才对。"我们非常奇特的大爆炸"，真的要非常非常奇特才会出现熵值接近为零的罗伯逊 - 沃克的时空几何。但现在的早期宇宙是由具有共形对称性的科顿 - 约克张量所主导的，这使得哈密顿真空基态自然地让宇宙起源自熵值接近为零的热平衡态中；宇宙随着内蕴时间演化，万物既生，熵值也跟着增加；内蕴时间量子几何动力学是到目前为止唯一让量子、热力学、因果、宇宙学各时间箭头都自然地朝同一方向增长的量子引力理论。内蕴时间量子几何动力学不单是能够解释时间箭头，同时也能够了解时间的起源。因为，零掉的科顿 - 约克张量与无迹外曲率也意味着整个三维外曲率也跟着零掉，这正好是宇宙诞生时，度规做欧几里得解析延拓时的所谓连接点条件（junction condition）（如从洛伦兹、德西特度规的咽喉的同形平坦的S^3截面做解析，延拓到欧几里得S^4）。

从量子观点上来看，这虽然与霍金 - 哈图（Hawking-Hartle）的无边界宇宙波函数的主张相通，但重要的是在内蕴时间的表述中，已经自动地包含了哈密顿的时间可以从实数解析延拓到虚数，从而得到宇宙诞生时的欧几里得配分函数（partition function）；而且从延聘场函数，N的公式中也可得知虚数时间正好是对应着宇宙还未产生时间时的欧几里得标志（signature），因此包含了时间如何诞生、宇宙如何演化的全部物理。LIGO团队在2016年2月11日宣布，观测到两个黑洞大约于13亿年前在碰撞、合并之后释放出来的引力波信号——GW150914；直到目前为止的数据分析都意味着在目前的宇宙尺度中，似乎只有看到爱因斯坦理论的贡献，而没有见到其他所有可能的高次导数项的信号，这刚刚好是内蕴时间量子几何动力学重要预测之一。至于"大爆炸"时的量子扰动会辐射出尺度不变，以及含有高次导数项贡献的太初引力波能谱，将会在不久的将来，几乎是覆盖了大部分引力波能谱的宇宙观察实验中证实与否，这都是进一步检定内蕴时间量子几何动力学成功与否的重要标准。

整个内蕴时间量子几何动力学表述中并没有如弦论、环量子引力、非对易几何等需要用到什么高深的数学或者奇怪的主张，却能一致地描述了从时间、宇宙的创生到各种时间箭头的方向，以及日常生活的经典时空物理及解决广义相对论等大大小小的矛盾。爱因斯坦说："上帝是深奥的，但并不残忍。"现在看来似乎确实如此。

延伸阅读与参考文献

第一章 广义相对论百年史

1. A.Pais, Subtle is the Lord: *The Science and Life of Albert Einstein* (Clarendon, Oxford, 1982).

2. D.Kennefick, *Traveling at the Speed of Thought, Einstein and the quest forgravitational waves* (Princeton University Press, Princeton, 2007).

3. M.Janssen,J.Norton,J. Renn,T.Sauer and J.Stachel, *The Genesis of GeneralRelativity Vol. 1: Einstein's Zurich Notebook: Introduction and Source* (Springer, Berlin, 2007).

4. M.Janssen,J.Norton,J.Renn,T.Sauer and J. Stachel, *The Genesis of GeneralRelativity Vol. 2: Einstein's Zurich Notebook: Commentary and Essays* (Springer, Berlin, 2007).

5. J.Renn and M.Schemmel,*The Genesis of General Relativity Vol.3: Gravitation in the Twilight of Classical Physics: Between Mechanics, Field Theory, and Astronomy* (Springer, Berlin, 2007).

6. J.Renn and M.Schemmel, *The Genesis of General Relativity Vol.4: Gravitation in the Twilight of Classical Physics: The Promise of Mathematics* (Springer, Berlin, 2007).

7. Y.Kosmann-Schwarzbach,*The Noether Theorems: Invariance and Conservation Laws in the Twentieth Century* (Springer, 2011).

8. 陈江梅、聂斯特（2005）《万有引力与能量》，《物理双月刊》二十七卷六期第776—779页。

9. 爱因斯坦的论文，包括原始文件和英文翻译，可在下列网站免费下载：http://einsteinpapers.press.princeton.edu.

第二章 宇宙学百年回顾

1. E.Harrison,Cosmology: *The Science of the Universe,* （Cambridge University Press, 2nd edition, 2000）.

2. J.D.Barrow, *The Book of Universe,* （Vintage, 2012）.

3. T.Duncan & C.Tyler,*Your Cosmic Context: An Introduction to Modern Cosmology,* （Addison-Wesley, 2008）.

4. Chi-Sing Lam, *The Zen in Modern Cosmology,* （World Scientific Publishing Company, 2008）.

5. D.Blair & G.McNamara, *Ripples on a Cosmic Sea: The Search For Gravitational Waves,* （Helix Books/Perseus Books, 1999）.

6. H.Nussbaumer & L.Bieri, *Discovering the Expanding Universe,*

（Publisher: Cambridge University Press, 2009）.

第三章 黑洞

1. *Inside the Black Hole*, by Andrew Hamilton （黑洞相关知识介绍与仿真）http://jila.colorado.edu/~ajsh/insidebh/index.html；

2. Web of Stories（包括John Wheeler 在内大科学家们的影音访谈纪录）http://www.webofstories.com/play/john.wheeler/86；

3. Einstein Online （有许多与广义相对论有关的科普文章和动画）http://www.einstein—online.info；

4. UCLA Galactic Center Group（更多关于图3-9的信息及相关动画）http://www.galacticcenter.astro.ucla.edu/animations.html；

5. Odyssey_Edu（展示光线在旋转黑洞附近轨迹的免费教育软件，此网站也提供了在未来将用VLBI技术观测黑洞剪影的计划联结）https://odysseyedutaiwan.wordpress.com/；

6. Virtual Trips to black holes and neutron stars，（想象在黑洞或是中子星附近旅行时会如何呢？）http://apod.nasa.gov/htmltest/rjn_bht.html；

7. Relativity visualized Space Time Travel（许多关于相对论效应的有趣影片）http://www.spacetimetravel.org/；

8. *Black Holes and Time Warps: Einstein's Outrageous Legacy,* by Kip Thorne (W.W.Norton & Company 1994);

9. *Dark stars: the evolution of an idea*，by W.Israel in "Three hundred years of gravitation" eds. S.W.Hawking and W.Israel (Cambridge University Press 1987)；

10. 宏毅（2015）《窥视黑洞的身影》，《台北星空》第69期16—22页。更多关于黑洞剪影的介绍：http://tamweb.tam.gov.tw/v3/attach/File/no69/no69p16—22.pdf。

第四章 引力波与数值相对论

参考资料

1. GWIC,*the Gravitational Wave International Committee*, https://gwic.ligo.org/

2. *LIGO Scientific Collaboration*, http://www.ligo.org/

3. *eLISA Gravitational Wave Observatory*, http://www.elisascience.org/

4. KAGRA, http://gwcenter.icrr.u-tokyo.ac.jp/en/

5. *Einstein Telescope*, http://www.et-gw.eu/

6. Curt Cutler, Kip S. Thorne, *An Overview of Gravitational-Wave Sources*, http://arxiv.org/abs/gr-qc/0204090

7. Kip Thorne, *Gravitational radiation, in Three hundred years of gravitation*, edited by S. W. Hawking,W.Isreal (1987).

8. O.Aguiar, *The Past,Present and Future of the Resonant-Mass Gravitational Wave detectors*, http://arxiv.org/abs/1009.1138.

9. Kent Yagi,Naoki Seto, *Detector configuration of DECIGO/BBO and identification of cosmological neutron-star binaries*, Phys. Rev.D83 (2011) 044011.

10. Christopher J.Moore, Robert H.Cole and Christopher P. L. Berry, *Gravitational-wave sensitivity curves*, Classical & Quantum Gravity 32 (2015) 015014.

11. Pau Amaro-Seoane et al., *eLISA: Astrophysics and cosmology in the millihertz regime*, http://arxiv.org/abs/1201.3621.

12. K.L.Dooley, T.Akutsu, S.Dwyer, P.Puppo, *Status of advanced ground-based laser interferometers for gravitational-wave detection*, http://arxiv.org/abs/1411.6068.

13. Mark Hannam and Ian Hawke, *Numerical relativity simulations in the era of the Einstein Telescope*, Gen. Rel. Grav. 43 (2011) 465, http://arxiv.org/abs/0908.3139.

14. B.Sathyaprakash et al., *Scientific Objectives of Einstein Telescope*, Class. Quantum Grav.29(2012) 124013,http://arxiv.org/abs/1206.0331.

15. Ulrich Sperhake, *Black Holes on Supercomputers: Numerical Relativity Applications to Astrophysics and High-energy Physics*, Acta Phys. Polon. B44 (2013) 2463.

16. Luciano Rezzolla, *Three little pieces for computer and relativity*, http://arxiv.org/abs/1303.6464.

17. Roman Gold et al., *Accretion disks around binary black holes of unequal mass: GRMHD simulations of postdecoupling and merger*, Phys. Rev. D 90, 104030 (2014).

延伸阅读

1. Kip S.Thorne, *Black Holes and Time Warps: Einstein's Outrageous Legacy* (W. W. Norton & Company,1995).

2. Alexandra Witze, *Physics: Wave of the future*, Nature 511 (2014) 278.

3. Stuart L.Shapiro, *Numerical Relativity at the Frontier*, Prog.Theor. Phys.Suppl.163 (2006) 100.

4. B.S.Sathyaprakash, B.F.Schutz, *Physics, Astrophysics and Cosmology with Gravitational Waves*, Living Rev. Relativity 12 (2009) 2, http://arxiv.org/abs/0903.0338.

5. Joan M.Centrella, John G.Baker,Bernard J. Kelly, James R.van Meter, Black-hole binaries, *gravitational waves, and numerical relativity*, Rev. Mod. Phys. 82 (2010) 3069.

6. Bernard F.Schutz,*The art and science of black hole mergers*, http://arxiv.org/abs/gr-qc/0410121

7. Naseer Iqbal and Showkat Monga, *Gravitational Waves: Present Status and Future Prospectus*, Natural Science 6 (2014) 305.

8. Jordan B. Camp, Neil J.Cornish, *Gravitational wave astronomy*, Annu. Rev. Nucl. Part. Sci. 54 (2004) 525.

9. G.Allen et al., *Solving Einstein's equations on supercomputers*, Computer 32 (1999) 52.

10. 游辉樟（2004）《引力波侦测》,《物理》双月刊26卷第5期 695页。

第六章 时间、广义相对论及量子引力

1. S.Weinberg, *Gravitation and Cosmology*, J.Wiley & Sons,N. Y.(1972).

2. P.A.M.Dirac, Proc.Roy.Soc.A246,333 (1958).

3. R.L.Arnowitt, S.Deser and C.W.Misner, Phys. Rev. 116, 1322(1959).

4. J.A.Wheeler, *Superspace and the nature of quantum geometrodynamics*, in Battelle Rencontres, edited by C.M.DeWitt and J.A.Wheeler (New York: W.A.Benjamin, 1968).

5. Bryce S.DeWitt, Phys.Rev.160, 1113(1967).

6. Chopin Soo and Hoi-Lai-Yu, *General Relativity without the paradigm of space-time covariance and resolution of the problem of time*, Prog.Theor.Phys, (2014) 013E01; Niall O'Murchadha, Chopin Soo and Hoi-Lai Yu, *Intrinsic time gravity and the Lichnerowicz-York equation*, Class. Quantum Grav.30 (2013) 095016.